L. Roth, G. Rupp

Gemische – Einstufen und Kennzeichnen nach GHS

So halten Sie die CLP-Verordnung ein

3. Auflage

Bibliografische Information der Deutschen Nationalbibliothek
Die Deutsche Nationalbibliothek verzeichnet diese Publikation in der Deutschen
Nationalbibliografie; detaillierte bibliografische Daten sind im Internet
über <http://www.dnb.de> abrufbar.

Bei der Herstellung des Werkes haben wir uns zukunftsbewusst für umweltverträgliche
und wiederverwertbare Materialien entschieden.

ISBN: 978-3-609-65198-9

E-Mail: kundenservice@ecomed-storck.de

Telefon +49 89/2183-7922
Telefax +49 89/2183-7620

3. Auflage 2018

ecomed SICHERHEIT, ecomed-Storck GmbH,
Landsberg am Lech

www.ecomed-storck.de

Dieses Werk, einschließlich aller seiner Teile, ist urheberrechtlich geschützt. Jede Verwertung außerhalb der engen Grenzen des Urheberrechtsgesetzes ist ohne Zustimmung des Verlages unzulässig und strafbar. Dies gilt insbesondere für Vervielfältigungen, Übersetzungen, Mikroverfilmungen und die Einspeicherung und Verarbeitung in elektronischen Systemen.

Satz: preXtension GbR, Grafrath
Druck: SDK, Systemdruck Köln

Inhalt

1	**Einleitung**	5
2	**Grundzüge der Einstufung**	7
2.1	Vorgehen bei der Einstufung	7
2.2	Harmonisierte Einstufung/Stofflisten	8
2.3	Informationsgewinnung	9
2.3.1	Stoffe	9
2.3.2	Gemische	11
2.3.3	Prüfung der Daten	12
2.4	Überprüfung der Einstufung	12
2.5	Einstufung von Gemischen	13
2.5.1	Einstufung auf der Grundlage von Daten für das Gemisch	16
2.5.2	Beurteilung durch Experten („Beweiskraftermittlung")	17
2.5.3	Übertragungsgrundsätze	19
2.5.4	Einstufung von Gemischen über die Inhaltsstoffe	24
3	**Gesundheitsgefahren**	29
3.1	Akute Toxizität	29
3.1.1	Einstufungskriterien	29
3.1.2	Einstufung von Gemischen als akut toxisch	32
3.1.3	Berechnung der akuten Toxizität (Additivitätsformel)	34
3.2	Ätzwirkung auf die Haut/Hautreizung	39
3.3	Schwere Augenschädigung/Augenreizung	46
3.4	Sensibilisierung der Atemwege oder der Haut	51
3.5	Keimzellmutagenität	56
3.6	Karzinogenität	57
3.7	Reproduktionstoxizität	58
3.8	Spezifische Zielorgan-Toxizität (einmalige Exposition)	59
3.9	Spezifische Zielorgan-Toxizität (wiederholte Exposition)	62
3.10	Aspirationsgefahr	65
4	**Umweltgefahren**	67
4.1	Einstufungskriterien der Gefahrenklasse „Gewässergefährdend"	67
4.2	Einstufung von Gemischen in die Gefahrenklasse „Gewässergefährdend"	71

Inhalt

4.2.1	Einstufung von Gemischen, wenn Daten für das komplette Gemisch vorliegen	73
4.2.2	Übertragungsgrundsätze	75
4.2.3	Einstufung von Gemischen, wenn Daten für einige oder alle Bestandteile des Gemischs vorliegen	75
4.2.3.1	Summierungsmethode	76
4.2.3.2	Additivitätsformel	79
4.2.3.3	Einstufung von Gemischen mit Bestandteilen, zu denen keine verwertbaren Informationen vorliegen	81
5	**Die Ozonschicht schädigend**	86
6	**Kennzeichnung**	87
Anhang 1	H-Sätze – Gefahrenhinweise	89
Anhang 2	P-Sätze – Sicherheitshinweise	93
Anhang 3	Kennzeichnungstabellen	97
Anhang 4	Besondere Kennzeichnung für bestimmte Gemische und Erzeugnisse	112
Anhang 5	Links	121
Anhang 6	Glossar	123
Stichwortverzeichnis		126

Einleitung 1

1　Einleitung

Seit dem 1. Juni 2015 müssen alle Gemische, die in der Europäischen Union in den Verkehr gebracht werden, ebenso wie die Stoffe auf der Grundlage der CLP-Verordnung eingestuft und gekennzeichnet werden. Ihren Ursprung nahm diese Entwicklung auf der UN-Umweltkonferenz in Rio de Janeiro 1992, als die UN-Mitgliedstaaten die Einführung eines global harmonisierten Chemikalieninformationssystems, GHS, beschlossen, das 2003 erstmals veröffentlicht wurde.

Nun ist das GHS, wie auf UN-Ebene vereinbart, noch kein geltendes Recht. Seine Regeln werden erst verbindlich, wenn sie durch die einzelnen Staaten implementiert werden. In der Europäischen Union geschah das mit der „Verordnung (EG) Nr. 1272/2008 über die Einstufung, Kennzeichnung und Verpackung von Stoffen und Gemischen", kurz CLP-Verordnung (CLP = Classification, Labelling and Packaging). Diese trat am 2009 in Kraft und löste schrittweise das zuvor gültige Einstufungs- und Kennzeichnungssystem ab.

Die Zuständigkeit für die Ermittlung der Gefahreneigenschaften von Stoffen und Gemischen und die Entscheidung über ihre Einstufung liegt in erster Linie bei den Herstellern, Importeuren und nachgeschalteten Anwendern, wobei nachgeschaltete Anwender und Händler die Einstufung übernehmen können, die von einem vorhergehenden Akteur in der Lieferkette vorgenommen wurde.

Doch was macht die Einstufung von Gemischen so schwierig? Und wie unterscheidet sich die Einstufung von Gemischen von der Stoffeinstufung?

Schwierigkeit Nr. 1: Die Datenlage

Für Stoffe gibt die CLP-Verordnung Kriterien für jede Gefahrenklasse vor, beispielsweise den LD_{50}-Wert, der als Kriterium für die Einstufung in die Gefahrenklasse der akuten Toxizität dient. Das gleiche Kriterium kann für die Einstufung eines Gemischs herangezogen werden, sofern der LD_{50}-Wert des Gemischs bekannt ist. Das ist aber nicht immer der Fall. Natürlich ließe sich der LD_{50} des Gemischs experimentell bestimmen, ebenso wie seine anderen Eigenschaften. Der Aufwand, jedes einzelne Gemisch hinsichtlich aller Gesundheits- und Umweltgefahren zu testen, wäre jedoch enorm, und nicht nur die Tierschützer würden Sturm laufen. Daher ermöglicht es der Gesetzgeber, die Eigenschaften eines Gemischs ausgehend von den Eigenschaften der Ausgangsstoffe zu berechnen oder anhand von Konzentrationsgrenzen zu bestimmen.

Schwierigkeit Nr. 2: Unterschiedliche Prinzipien

Es lassen sich zwar die Konzentrationen, nicht jedoch die Eigenschaften der Ausgangsstoffe einfach addieren. Geben wir zwei giftige Stoffe zusammen, ist das entstehende Gemisch nicht doppelt so giftig wie die beiden Ausgangssubstanzen. Aber wie giftig ist das Gemisch tatsächlich? Die Regeln, nach denen die Giftwirkung und alle anderen gesundheits- und umweltgefährdenden Wirkungen zu ermitteln sind, gibt die CLP-Verordnung vor. Leider kommen wir nicht mit einer Regel für alle gefährlichen Eigenschaften aus. Tatsächlich gibt es für jede Gefahrenklasse eigene Regeln mit den dazu gehörigen Ausnahmen und Besonderheiten. Das macht die Einstufung von Gemischen so unübersichtlich.

Das vorliegende Buch stellt die Grundzüge der Einstufung nach CLP vor. Die Vorgehensweise wird erläutert und die Übertragung und Anwendung der Einstufungsregeln auf Gemische beschrieben. Die Einstufung von Gemischen bzgl. der Gesundheits- und Umweltgefahren wird ausführlich erklärt und anhand von Beispielen verdeutlicht. Übersichtstabellen mit den wichtigsten Informationen zur Kennzeichnung ergänzen die Ausführungen.

1 Einleitung

In diesem Buch werden Kenntnisse über die Einstufung von Stoffen und die Anwendung der Einstufungskriterien vorausgesetzt. Die Einstufungskriterien werden nicht im Einzelnen erläutert; hierzu wird auf die CLP-Verordnung[1] und die Leitfäden der ECHA[2] verwiesen. Auch die Methoden und Verfahren, für die Expertenwissen notwendig ist und entsprechend von der Verordnung gefordert wird, werden nicht im Detail ausgeführt.

Die Erläuterungen sind daher weder vollständig noch rechtsverbindlich. Aufgrund der Komplexität des Themas können nicht alle Aspekte der CLP-Verordnung dargestellt und alle Besonderheiten und Ausnahmeregelungen berücksichtigt werden. Im konkreten Fall sind der Originaltext der Verordnung und die Leitfäden der ECHA heranzuziehen.

Der dritten Auflage dieses Buchs liegt die CLP-Verordnung auf dem Stand der elften Anpassungsverordnung (11. ATP, Verordnung (EU) 2018/669) zugrunde. Die 9., 10. und 11. ATP umfassen ausschließlich Änderungen in Anhang VI der Verordnung. So wurden mit der 9. und 10. ATP neue und geänderte Einstufungen in die Tabelle 3 aufgenommen. Mit der 11. ATP wurden die chemischen Bezeichnungen der harmonisiert eingestuften Stoffe in Tabelle 3 in alle Amtssprachen der EU übersetzt. Die letzte ATP, mit der die Regeln zur Einstufung an die alle zwei Jahre stattfindende Revision des UN-GHS angepasst wurde, war die Verordnung (EU) 2016/918 (8. ATP), die seit dem 1. Februar 2018 anzuwenden ist. Die Umsetzungen der 6. Revision des UN-GHS von 2015 und der 7. Revision von 2017 stehen noch aus.

---

[1] Zugänglich im Internet unter https://echa.europa.eu/de/regulations/clp/legislation
[2] Zugänglich im Internet unter https://echa.europa.eu/de/support/guidance

2 Grundzüge der Einstufung

2.1 Vorgehen bei der Einstufung

Wenn ein Stoff oder ein Gemisch in den Verkehr gebracht wird, haben Hersteller, Importeure, nachgeschaltete Anwender und Lieferanten verschiedene Pflichten zu erfüllen. Der Lieferant muss das Produkt so verpacken, dass nichts von seinem Inhalt unbeabsichtigt nach außen dringen kann, und er muss die Verpackung so kennzeichnen, dass jeder, der mit dem Produkt zu tun hat, die gefährlichen Eigenschaften erkennen und die wichtigsten Maßnahmen ergreifen kann, die beim Umgang oder bei einem Unfall notwendig sind. Zuvor muss der Hersteller, der Importeur oder der nachgeschaltete Anwender die Eigenschaften des Stoffs oder des Gemischs ermitteln.

Am Anfang steht also die Ermittlung der Gefahreneigenschaften. Ausgehend von den grundlegenden Informationen führen fünf Schritte zur korrekten Einstufung. Diese fünf Schritte sind in der Übersicht 2.1 dargestellt und dienen als Handlungsanleitung für das weitere Vorgehen. Im ersten Schritt werden die relevanten Daten gesammelt. Diese werden geprüft, und durch Vergleich mit vorgegebenen Kriterien wird der Stoff/das Gemisch eingestuft. Um sicherzustellen, dass bestimmte Eigenschaften zu vergleichbaren Kennzeichnungen führen, gibt der Gesetzgeber die Kriterien vor, nach denen die Stoffe in Gefahrenklassen und Gefahrenkategorien einzustufen sind. Abhängig von Klasse und Kategorie sind dann die sogenannten Kennzeichnungselemente, zu denen Gefahrenpiktogramme, Signalwörter sowie Gefahren- und Sicherheitshinweise gehören, auszuwählen

Übersicht 2.1: Schritte bei der Einstufung

1. **Ermittlung der relevanten Daten**
    a. Testdaten, Prüfergebnisse (REACH, in vitro, QSAR)
    b. Einstufungsdaten
    c. Erfahrung am Menschen

2. **Prüfung der Informationen**
    a. reproduzierbar
    b. wissenschaftlich fundiert
    c. übertragbar (cross reading)

3. **Vergleich der validen Daten mit Einstufungskriterien**
   Schrittweises Vorgehen für jede Gefahreneigenschaft

4. **Entscheidung über die Einstufung**
    a. Zuordnung von Gefahrenklassen und -kategorien
    b. Wahl geeigneter Kennzeichnungselemente

5. **Aktualisierung der Einstufung**
   Liegen neue Erkenntnisse vor?

> Für jede Gefahrenklasse getrennt durchzuführen

2 Grundzüge der Einstufung

und auf dem Kennzeichnungsetikett abzubilden. Alle darüber hinausgehenden Informationen sind dem berufsmäßigen Verwender auf dem Sicherheitsdatenblatt zu übermitteln.

Dieses Vorgehen unterscheidet sich nicht von dem Vorgehen, das das bis 2015 gültige EU-System auf der Grundlage der Stoff- und Zubereitungsrichtlinie vorschrieb. Beibehalten wurde auch die Einteilung der gefährlichen Eigenschaften in

- physikalische Gefahren,
- Gesundheitsgefahren und
- Umweltgefahren.

Neu sind die Kriterien, nach denen Stoffe und Gemische einzustufen sind; neu sind auch einige Gefahrenklassen sowie die oben erwähnten Kennzeichnungselemente.

2.2 Harmonisierte Einstufung/Stofflisten

Für Stoffe mit bestimmten Eigenschaften wird die Einstufung eines Stoffs harmonisiert. Harmonisiert heißt in diesem Fall: Die Einstufung wird auf Gemeinschaftsebene erstellt und muss von jedem Akteur in der Lieferkette verwendet werden. Die Liste der harmonisiert eingestuften Stoffe ist Bestandteil der CLP-Verordnung und in Anhang VI Tabelle 3 zu finden. Da sie immer wieder aktualisiert und an den technischen Fortschritt angepasst wird, ist stets die neueste konsolidierte Version der CLP-Verordnung heranzuziehen, die über die ECHA-Webseite „Rechtsvorschriften"[3] zugänglich ist. Daneben existiert eine nicht offizielle Excel-Tabelle[4], erstellt von der ECHA, in der alle Aktualisierungen des Anhangs VI enthalten sind. Allerdings bestehen Inkonsistenzen zwischen der Tabelle und dem rechtlich verbindlichen Anhang VI, so dass die Tabelle nur zur Information genutzt werden sollte. Auch im Einstufungs- und Kennzeichnungsverzeichnis (C&L)[5] der ECHA wird die harmonisierte Einstufung in der jeweils aktuellen Fassung angegeben.

Bei der Anwendung gilt es allerdings, zwei Besonderheiten zu beachten:

Die harmonisierte Einstufung eines Stoffs bezieht sich nur auf die angegebenen Gefahrenklassen. Die übrigen nicht harmonisierten Gefahrenklassen und Differenzierungen sind vom Hersteller, Importeur oder nachgeschaltetem Anwender eigenverantwortlich nach den CLP-Einstufungsregeln vorzunehmen („Selbsteinstufung").

Die Liste der harmonisierten Einstufungen in CLP Anhang VI ging aus der Liste der Legaleinstufungen in Anhang I der bis 2015 gültigen Stoffrichtlinie (RL 67/548/EWG) hervor. Die Umwandlung der alten Einstufung in die Gefahrenklassen nach CLP führte aber aufgrund der unterschiedlichen Einstufungskriterien bei manchen Stoffen zu Unstimmigkeiten. In diesen Fällen gilt die CLP-Einstufung in Anhang VI als Mindesteinstufung, die mit einem Sternchen (*) kenntlich gemacht wird. Liegen dem Hersteller oder Importeur Informationen vor, die für eine strengere Einstufung sprechen, so muss in eine strengere Gefahrenkategorie eingestuft werden (CLP Anh. VI Abschn. 1.2.1).

Die harmonisierte Einstufung wird vorwiegend für Stoffe mit CMR-Eigenschaften und für Inhalationsallergene durchgeführt (CLP Art. 36). Ergänzend kann die Harmonisierung anderer Eigenschaften im Einzelfall vorgenommen werden. Stoffe, die unter die Regelungen der Biozidprodukteverordnung (VO (EU) Nr. 528/2012) oder der Pflanzenschutzmittelverordnung (VO (EG) Nr. 1107/2009) fallen, werden in der Regel vollständig harmonisiert eingestuft.

---

[3] https://echa.europa.eu/de/regulations/clp/legislation
[4] https://echa.europa.eu/de/information-on-chemicals/annex-vi-to-clp
[5] https://echa.europa.eu/de/information-on-chemicals/cl-inventory-database

Grundzüge der Einstufung 2

Übersicht 2.2: Harmonisierte Einstufung

> **CLP Anhang VI Teil 3 enthält Einstufungen und Kennzeichnungen für bestimmte Stoffe.**
>
> Harmonisierte Einstufung ist verbindlich – aber:
>
> - Nicht von dem harmonisierten Eintrag erfasste Gefahrenklassen müssen vom Hersteller und Importeur eigenverantwortlich eingestuft werden.
> - Bei Mindesteinstufungen (*) sind strengere Einstufungen möglich.

Zum Vorgehen bei der Einstufung von Stoffen, die in Anhang VI der CLP-Verordnung aufgeführt sind, siehe Übersicht 2.3.

Gemische sind immer „selbst eingestuft". Die Einstufung wird vom Formulierer, Importeur oder nachgeschalteten Anwender vorgenommen. Dabei sind die Einstufungen, Konzentrationsgrenzen, ATE-Werte und M-Faktoren zu beachten, die in CLP Anhang VI angegeben sind.

2.3 Informationsgewinnung

Zur Ermittlung der Gefahreneigenschaften tragen die für die Einstufung Verantwortlichen sowohl Informationen zu dem Gemisch als solchem als auch zu den einzelnen darin enthaltenen Stoffen zusammen. Unter Umständen wurden diese Informationen bereits für die Einstufung nach den EU-Richtlinien erhoben und stehen innerbetrieblich bereit. Auch Daten, die im Rahmen der REACH-Registrierung gewonnen oder durch Informationsaustausch mit einem SIEF erhalten wurden, können verwendet werden.

2.3.1 Stoffe

Um zu bestimmen, ob ein Stoff gefährliche physikalische, toxikologische oder ökotoxikologische Eigenschaften hat, werden alle relevanten verfügbaren Informationen zu diesem Stoff ermittelt. Dazu gehören:

- Daten zu physikalischen Gefahren sowie Gesundheits- und Umweltgefahren, die aufgrund der nach REACH vorgeschriebenen Prüfungen gewonnen wurden (CLP Art. 5 Abs. 1a und Art. 8 Abs. 3):
  - Prüfergebnisse von Versuchen, die gemäß der Verordnung über Prüfmethoden (VO (EG) Nr. 440/2008) durchgeführt wurden,
  - Ergebnisse aus Versuchen, die nach erprobten wissenschaftlichen Grundsätzen, die international anerkannt sind, oder nach Methoden, die anhand internationaler Verfahren validiert sind, durchgeführt wurden,
- epidemiologische Daten und Erfahrungen über die Wirkungen beim Menschen, so z. B. Daten über berufsbedingte Exposition und Daten aus Unfalldatenbanken (CLP Art. 5 Abs. 1b),
- alle anderen Informationen, die gemäß REACH Anhang XI Abschnitt 1 gewonnen wurden, z. B. historische Humandaten, (Q)SAR, In-vitro-Prüfungen, Stoffgruppen- und Analogiekonzept (CLP Art. 5 Abs. 1c),
- neue wissenschaftliche Informationen (CLP Art. 5 Abs. 1d),
- alle anderen Informationen, die im Rahmen international anerkannter Programme zur Chemikaliensicherheit gewonnen wurden (CLP Art. 5 Abs. 1e).

2 Grundzüge der Einstufung

Übersicht 2.3: Vorgehen bei der Einstufung von Stoffen

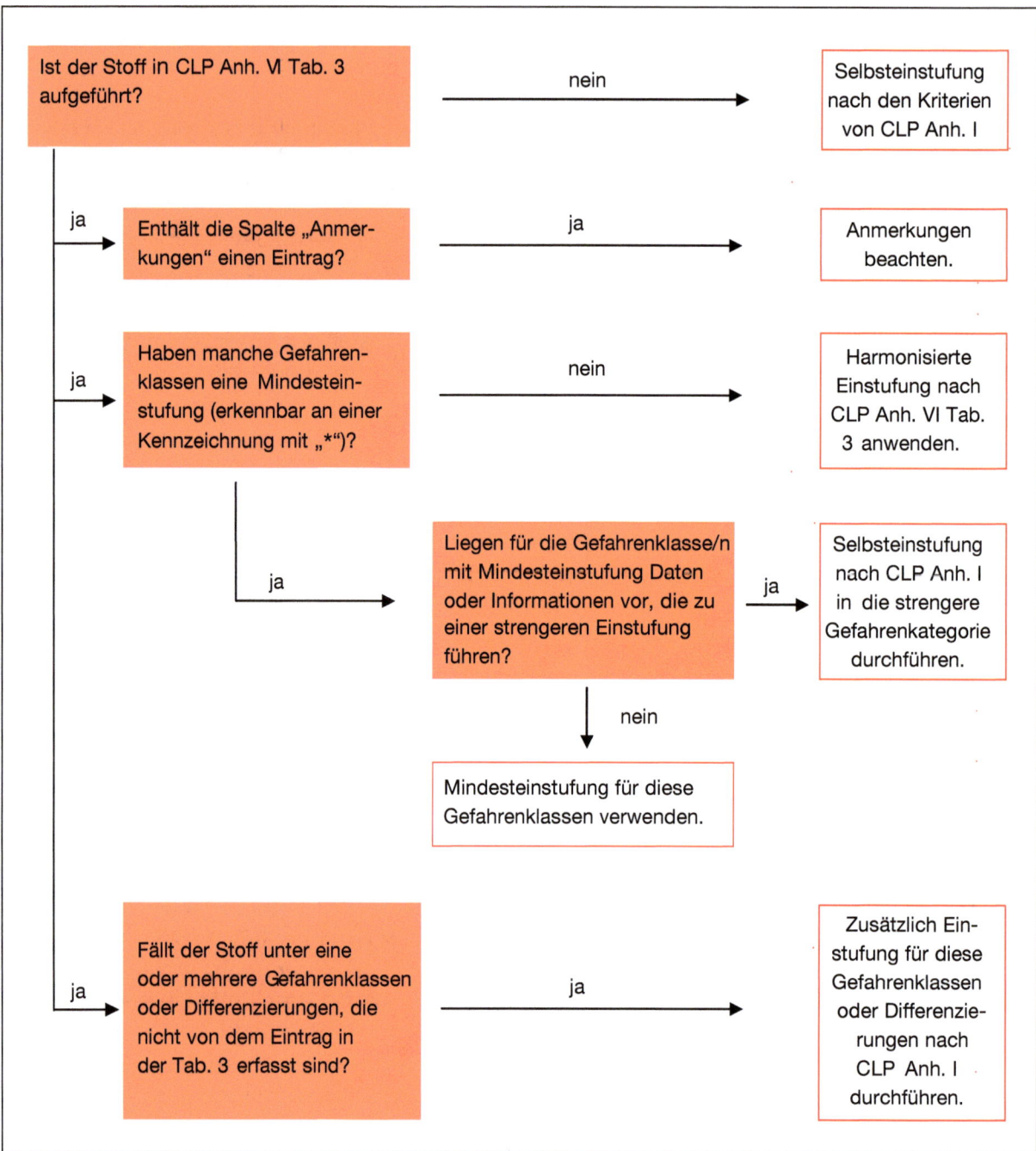

Bevor Informationen zu einem Stoff gesammelt werden, sollte überprüft werden, ob der Stoff in Anhang VI Tabelle 3 der CLP-Verordnung aufgeführt ist. Ist das der Fall, so ist die dort festgelegte harmonisierte Einstufung zu verwenden. U. U. muss sie durch die dort nicht berücksichtigten Gefahrenklassen ergänzt werden (s. Kap. 2.2 „Harmonisierte Einstufung/Stofflisten").

Hauptquelle für die Informationen sollten die Vorlieferanten sein, die diese in Form von Sicherheitsdatenblättern oder anderen Sicherheitsinformationen zur Verfügung stellen müssen. Als weitere Datenquelle ist das Einstufungs- und Kennzeichnungsverzeichnis der ECHA zu nennen, das die

Grundzüge der Einstufung 2

Einstufungen zu gemeldeten Stoffen, die von Herstellern und Importeuren übermittelt werden, zugänglich macht. ECHA pflegt das Verzeichnis, prüft aber nicht die Richtigkeit der Angaben. Zudem kann ein und derselbe Stoff von mehreren Herstellern oder Importeuren mit unterschiedlichen Einstufungen gemeldet werden. Solange keine Einigung auf eine Einstufung besteht, können sich große Unterschiede ergeben. Auf der Homepage der ECHA findet man darüber hinaus weitere Stoffinformationen, z. B. in der ECHA Datenbank der registrierten Stoffe und in den Stellungnahmen des Ausschusses für Risikobeurteilung (RAC opinions). Die nicht vertraulichen Daten aus der ECHA Datenbank einschließlich der Daten, die von Dritten zur Verfügung gestellt werden, werden in sogenannten Brief Profiles zusammengefasst. In Zusammenarbeit der ECHA mit der OECD bietet die Datenbank OECD eCHEMPortal einen kostenlosen Zugang zu über 600.000 Datensätzen zu Chemikalien. In Anhang 5 sind weitere Datenbanken aufgelistet, die teils frei zugänglich, teils gebührenpflichtig sind.

2.3.2 Gemische

Für Gemische ermitteln die Verantwortlichen die in Abschnitt 2.3.1 aufgeführten Informationen entweder für das Gemisch selbst oder für die darin enthaltenen Stoffe. Liegen valide Daten für das Gemisch selbst vor, werden diese vorrangig berücksichtigt. Es sind einige Besonderheiten zu beachten:

- Die physikalischen Eigenschaften werden in der Regel anhand von Prüfergebnissen für das Gemisch selbst beurteilt. Die Bestimmung der explosiven, oxidierenden oder entzündbaren Eigenschaften ist nicht erforderlich, wenn keiner der Bestandteile solche Eigenschaften hat und es unwahrscheinlich ist, dass das Gemisch solche Gefahren aufweist (CLP Art. 14 Abs. 2a).

- Karzinogene, keimzellmutagene oder reproduktionstoxische Eigenschaften werden aus Tierschutzgründen nicht für das Gemisch, sondern allein für die in dem Gemisch enthaltenen Inhaltsstoffe ermittelt (CLP Art. 6 Abs. 3).

- Die Eigenschaften Abbaubarkeit und Bioakkumulation werden nur für die einzelnen Inhaltsstoffe bestimmt, da diese Daten für Gemische nicht aussagekräftig sind (CLP Art. 6 Abs. 4).

Die Daten können der Literatur entnommen werden oder aus eigenen Studien stammen. Doch schreibt die CLP-Verordnung weder für Stoffe noch für Gemische vor, dass neue toxikologische oder ökotoxikologische Prüfungen durchgeführt werden müssen. Die physikalischen Daten dagegen müssen experimentell gewonnen werden, wenn keine geeigneten und zuverlässigen Informationen zur Verfügung stehen.

Aufbewahrungsfrist

Der Lieferant muss sämtliche Informationen, die er zur Einstufung und Kennzeichnung heranzieht, mindestens 10 Jahre nach der letzten Lieferung des Stoffs oder Gemischs aufbewahren (CLP Art. 49 Abs. 1).

2 Grundzüge der Einstufung

2.3.3 Prüfung der Daten

Die Verantwortlichen haben sich zu vergewissern, dass die spezifischen Informationen, die sie zur Bewertung des Stoffs oder Gemischs verwenden, relevant, geeignet und zuverlässig sind (CLP Art. 5 Abs. 2).

Was ist damit gemeint?

relevant (*relevant*) = Daten und Prüfmethoden müssen geeignet sind, eine bestimmte Gefahreneigenschaft festzustellen.

geeignet (*adequate*) = Die Aussagekraft der Daten muss für Einstufungszwecke geeignet sein.

zuverlässig (*reliable*) = Ein Prüfbericht oder eine Publikation muss, in Bezug auf die Beschreibung der methodischen Grundlagen, des experimentellen Verfahrens und der Ergebnisse und im Hinblick auf Transparenz und Plausibilität der Schlussfolgerungen, bestimmte Qualitätsanforderungen erfüllen.

Daten aus Prüfungen, die nach international anerkannten wissenschaftlichen Grundsätzen durchgeführt wurden, können unmittelbar verwendet werden. Daten aus anderen Studien müssen bezüglich ihrer Qualität und Aussagekraft von Experten beurteilt werden (Beweiskraftermittlung, s. auch Kap. 2.5.2).

Informationen, die vom Lieferanten stammen, können übernommen werden, müssen aber daraufhin überprüft werden,

- ob sie vollständig und ausreichend sind, um das Gemisch einzustufen,
- ob zu den Bestandteilen des Gemischs eine harmonisierte Einstufung nach CLP Anhang VI vorliegt und diese korrekt auf den jeweiligen Bestandteil angewandt wurde,
- ob weitere Gefahrenkategorien zu beachten sind, die nicht harmonisiert wurden, und
- ob die Einstufung mit den Hersteller-Einstufungen des C&L-Verzeichnisses der ECHA und mit anderen vorhandenen relevanten Informationen übereinstimmt.

Wenn das nicht der Fall ist oder wenn verschiedene Lieferanten unterschiedliche Einstufungen für ein und denselben Stoff angeben, ist es notwendig, die Identität der Stoffe und ihre Eigenschaften zu überprüfen und sich mit dem oder den Lieferanten in Verbindung zu setzen. Können die Widersprüche nicht geklärt werden, ist die Einstufung zu übernehmen, die am geeignetsten ist. Die Entscheidung ist zu begründen und zu dokumentieren. Falls als Ergebnis der Prüfung der Daten eine eigene, von allen Lieferanten abweichende Einstufung erfolgt, ist sie an die ECHA zu melden.

2.4 Überprüfung der Einstufung

Eine gegebene Einstufung eines Stoffs oder Gemischs muss überprüft werden (CLP Art. 15),

a) wenn neue Informationen vorliegen, die zu einer Änderung der Einstufung führen könnten, oder

b) wenn die Zusammensetzung eines als gefährlich eingestuften Gemischs geändert wird.

Zu a)
Hersteller, Importeure und nachgeschaltete Anwender sind verpflichtet, sich über neue wissenschaftliche oder technische Erkenntnisse zu informieren, die sich auf die Einstufung der Stoffe oder Gemische, die sie in Verkehr bringen, auswirken können. Werden ihnen derartige Informationen be-

Grundzüge der Einstufung 2

kannt, die sie für geeignet und zuverlässig halten, so muss unverzüglich eine Neubewertung und Einstufung vorgenommen werden.

Dies gilt insbesondere, wenn ein Stoff neu in den Anhang VI der CLP-Verordnung aufgenommen oder wenn eine Legaleinstufung im Zuge einer Anpassungsverordnung geändert wird. Bedarf besteht aber auch, wenn ein Lieferant die Selbsteinstufung eines Stoffs ändert oder neue Angaben in das Sicherheitsdatenblatt aufnimmt. „Neu" bedeutet in diesem Zusammenhang nicht notwendigerweise, dass es sich um neu generierte Daten handeln muss. Darunter fallen vielmehr alle Informationen, die bisher bei der Einstufung nicht berücksichtigt wurden, sowie „alte" Daten, die neu bewertet werden.

Zu b)
Ändert der Hersteller, Importeur oder nachgeschaltete Anwender die Zusammensetzung eines Gemischs, das als gefährlich eingestuft ist, muss er eine neue Bewertung durchführen und die Einstufung anpassen, wenn

- die ursprüngliche Konzentration eines oder mehrerer der gefährlichen Bestandteile um mehr als 5 bis 30 % – abhängig von der ursprünglichen Konzentration – geändert wird (s. Tab. 2.9 in Kap. 2.5.3 „Übertragungsgrundsätze"),
- ein oder mehrere Bestandteile in Konzentrationen ersetzt oder hinzugefügt werden, die den spezifischen oder allgemeinen Berücksichtigungsgrenzwerten entsprechen oder darüber liegen (s. Kap. 2.5.4).

2.5 Einstufung von Gemischen

Die Einstufung erfolgt durch Vergleich der ermittelten Daten mit den Kriterien, die in Anhang I der CLP-Verordnung festgesetzt sind. Hersteller, Importeure und nachgeschaltete Anwender eines Stoffs oder Gemischs bewerten die Daten, indem sie diese mit den Kriterien für die Einstufung in die einzelnen Gefahrenklassen oder Differenzierungen in Anhang I Teile 2 bis 5 abgleichen, um festzustellen, welche Gefahren mit dem Stoff oder dem Gemisch verbunden sind. Entsprechen die Gefahreneigenschaften den Kriterien, so wird der Stoff oder das Gemisch in die betreffende Gefahrenklasse oder Differenzierung eingestuft. Jeder Gefahrenklasse oder Differenzierung ist eine Gefahrenkategorie und ein Gefahrenhinweis zugeordnet (CLP Art. 13).

Die Einstufung von Gemischen erfolgt nach den gleichen Regeln wie die von Stoffen. Generell müssen vorhandene Daten für das Gemisch als Ganzes vorrangig zur Einstufung verwendet werden. Nur wenn das nicht möglich ist, kommen andere Verfahren in Betracht. Für jede Gefahrenklasse, Differenzierung und Kategorie ist das Verfahren zu bestimmen, das zur Einstufung jeweils am besten geeignet ist. Es hängt von der Art der Gefahren – physikalische, Gesundheits- oder Umweltgefahren – ab, die betrachtet werden, ferner von der Art und Qualität der vorhandenen Daten.

Wichtig ist, sich ein klares Bild davon zu verschaffen, welche Stoffe und Mischungen in dem einzustufenden Gemisch vorhanden sind. Dafür müssen die folgenden grundlegenden Informationen zu allen darin enthaltenen Stoffen vorliegen:

- Identität der Inhaltsstoffe,
- Gefahrenklasse und -kategorie der Stoffe,
- spezifische Konzentrationsgrenzen, ATE-Werte und M-Faktoren,
- ihre Konzentration in dem Gemisch,

2 Grundzüge der Einstufung

- ggf. Informationen über alle Verunreinigungen und Zusatzstoffe (inkl. Identität, Einstufung und Konzentration).

Wenn ein Bestandteil eines Gemischs selbst ein Gemisch ist, müssen die Informationen ebenso für alle darin enthaltenen Stoffe vorliegen. Die notwendigen Informationen sind dem Sicherheitsdatenblatt zu entnehmen. Fehlende Informationen sind beim Lieferanten zu erfragen.

Das Vorgehen bei der Einstufung von Gemischen folgt dem Schema in der Übersicht 2.4.

Zur Bewertung der *physikalisch-chemischen Gefahren* werden nach wie vor ausschließlich Daten aus Messungen an dem Gemisch herangezogen.

Zur Bewertung der *Gesundheits- und Umweltgefahren* sieht die CLP-Verordnung mehrere Möglichkeiten vor:

- Liegen Erfahrungswerte zur Wirkung beim Menschen bzw. Prüfdaten für das Gemisch selbst vor, werden diese Daten zur Einstufung herangezogen.

- Die Anwendung der Kriterien der verschiedenen Gefahrenklassen auf die Informationen ist nicht immer eindeutig und einfach. Lassen sich die Kriterien nicht unmittelbar auf die verfügbaren Informationen anwenden, wird eine Bewertung anhand der Ermittlung der Beweiskraft dieser Informationen durchgeführt („Beweiskraftermittlung"). Dazu sind mit Hilfe einer Beurteilung durch Experten alle verfügbaren gefahrenrelevanten Informationen gegeneinander abzuwägen.

- Stehen die o.g. Daten nicht zur Verfügung, sind aber ausreichende Informationen über ähnliche geprüfte Gemische vorhanden, so können die gefährlichen Eigenschaften des ungeprüften Gemischs durch Anwendung bestimmter Regeln, der sogenannten Übertragungsgrundsätze (bridging principles), bestimmt werden. Bei diesem Verfahren werden die auf Prüfungen basierenden Einstufungen von Gemischen auf Gemische ähnlicher Zusammensetzung übertragen. Die Übertragungsvorschriften sind in CLP Anhang I Abschnitt 1.1.3 beschrieben (s. auch Kap. 2.5.3). In den einzelnen Abschnitten der Teile 3 und 4 des Anhangs I ist aufgeführt, welche Übertragungsgrundsätze jeweils anwendbar sind.

- Ist auch die Anwendung der Übertragungsgrundsätze nicht möglich, werden Gemische über die Eigenschaften und Konzentrationen ihrer Bestandteile eingestuft.

Bei der Einstufung von Gemischen sind die folgenden Sondervorschriften zu beachten:

Wenn die Bewertung der Informationen auf einen der folgenden Fälle schließen lässt, hat dies keinen Einfluss auf die Einstufung (CLP Art. 14 Abs. 1):

- Die Stoffe in dem Gemisch reagieren langsam mit atmosphärischen Gasen, insbesondere Sauerstoff, Kohlendioxid und Wasserdampf, und bilden weitere Stoffe in niedrigen Konzentrationen.

- Die Stoffe in dem Gemisch reagieren sehr langsam mit anderen Stoffen in dem Gemisch und bilden weitere Stoffe in niedrigen Konzentrationen.

- Die Stoffe in dem Gemisch können spontan polymerisieren und bilden Oligomere oder Polymere in niedrigen Konzentrationen.

Ein Gemisch muss nicht in Bezug auf seine explosiven, oxidierenden oder entzündbaren Eigenschaften eingestuft werden (CLP Art. 14 Abs. 2), wenn

- keiner der Stoffe in dem Gemisch eine dieser Eigenschaften hat und es unwahrscheinlich ist, dass das Gemisch solche Gefahren aufweist,

Grundzüge der Einstufung 2

- im Fall einer Änderung der Zusammensetzung angenommen werden kann, dass die Bewertung der Informationen nicht zu einer anderen Einstufung führt.

Übersicht 2.4: Vorgehen bei der Einstufung von Gemischen

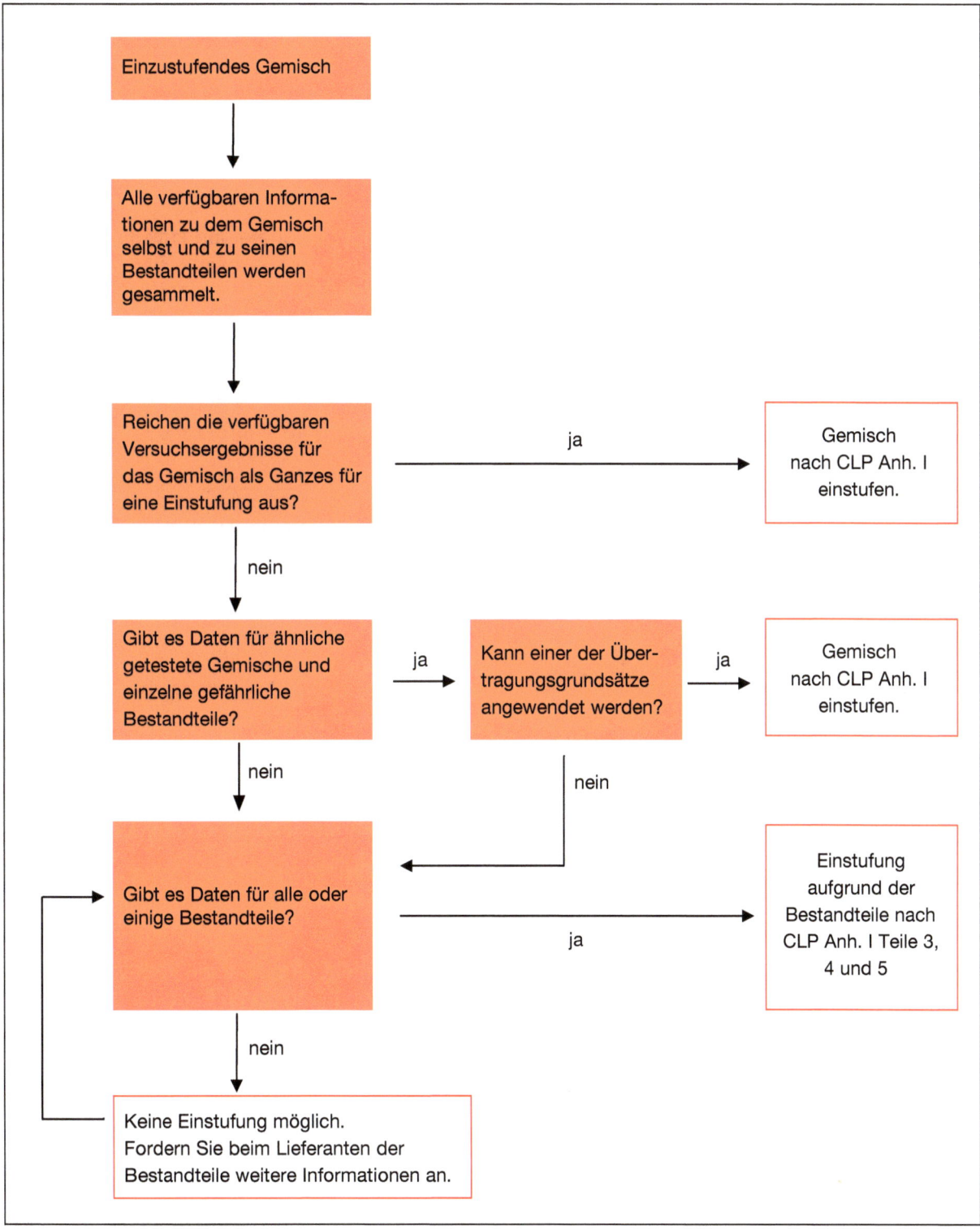

2 Grundzüge der Einstufung

2.5.1 Einstufung auf der Grundlage von Daten für das Gemisch

Liegen relevante, zuverlässige und geeignete Daten für das Gemisch als Ganzes vor, so erfolgt die Einstufung nach den gleichen Regeln wie für Stoffe. Festgelegt sind sie in CLP Anhang I und zwar in Teil 2 für die physikalischen Gefahren, in Teil 3 für die Gesundheitsgefahren und in den Teilen 4 und 5 für die Umweltgefahren.

Physikalische Gefahren

Die meisten physikalischen Gefahren müssen in dem Gemisch selbst bestimmt werden. Die Prüfungen sollten auf den in CLP Anhang I Teil 2 genannten Methoden und Standards beruhen. Diese Methoden finden sich z. B. im Handbuch über Prüfungen und Kriterien der UN Empfehlungen für den Transport gefährlicher Güter (UN RTDG)[6].

Prüfungen sind jedoch nicht zwingend notwendig, wenn bereits geeignete und zuverlässige Informationen aus Referenzliteratur oder Datenbanken verfügbar sind, vorausgesetzt, der einzustufende Stoff und der in der Referenz beschriebene Stoff sind bzgl. Homogenität, Verunreinigungen, Partikelgröße usw. vergleichbar. Daten zu vielen physikalischen Eigenschaften wie Molekulargewicht, Schmelz- und Siedepunkt, Dichte und Wasserlöslichkeit können einschlägigen Handbüchern und Datenbanken entnommen werden (s. Übersicht 2.5). Werden Daten aus Sekundärquellen verwendet, so sollte die Originalquelle zitiert und von einem Experten überprüft werden. Hinweise zur Datennutzung enthalten die ECHA Leitlinien über Informationsanforderungen und Stoffsicherheitsbeurteilungen[7].

Die Kriterien, die bei der Einstufung der physikalischen Daten anzuwenden sind, gelten für Stoffe und Gemische gleichermaßen. Sie sind in diesem Werk nicht abgedruckt. Hierfür ist der Originaltext der CLP-Verordnung in der jeweils aktuellen Fassung heranzuziehen.

Gesundheits- und Umweltgefahren

In manchen Fällen lassen sich auch die Gesundheits- und Umweltgefahren auf der Grundlage von Daten für das Gemisch selbst einstufen. Liegen solche Daten für das Gemisch vor, folgt die Einstufung den gleichen Regeln wie für Stoffe nach CLP Anhang I Teil 3 bzw. 4 oder 5. Die Erhebung neuer toxikologischer oder ökologischer Daten ist für Einstufungszwecke jedoch nicht vorgeschrieben.

Ausnahmen für die Einstufung ausgehend von Daten für das Gemisch bestehen für

- CMR-Stoffe: Karzinogene, keimzellmutagene und reproduktionstoxische Eigenschaften werden aus Tierschutzgründen allein für die in dem Gemisch enthaltenen Inhaltsstoffe ermittelt.
- Stoffe mit langfristig gewässergefährdenden Wirkungen. Die Eigenschaften Abbaubarkeit und Bioakkumulation werden nur für die einzelnen Inhaltsstoffe bestimmt, da diese Daten für Gemische nicht aussagekräftig sind.

Wenn die Einstufungskriterien der CLP-Verordnung Anhang I nicht direkt auf die vorhandenen Daten anzuwenden sind, kommt das Verfahren der Beweiskraftermittlung durch Experten zur Anwendung.

---

[6] https://www.unece.org/trans/danger/publi/manual/manual_e.html
[7] ECHA, Guidance on information requirements and chemical safety assessment, Chapter R.7a (Version 6.0, Juli 2017), zugänglich im Internet unter https://echa.europa.eu/de/guidance-documents/guidance-on-reach

Grundzüge der Einstufung 2

Übersicht 2.5: Datensammlungen zu physikalischen Daten

Print
Verschueren's Handbook of Environmental Data on Organic Chemicals (Wiley 2008)
Howard's Handbook of Environmental Fate and Exposure Data (CRC Press 1993)
CRC Handbook of Chemistry and Physics (CRC 2017)
Lange's Handbook of Chemistry (McGraw-Hill 2017)
Handbook of Physico-Chemical Properties and Environmental Fate for Organic Chemicals (CRC Press 2006)
Kirk-Othmer Encyclopaedia of Chemical Technology (Wiley 2004)
Hawley's Condensed Chemical Dictionary (Wiley 2016)
Sax's Dangerous Properties of Industrial Materials (Wiley 2012)
The Pesticide Manual (BCPC 2012)
Bretherick's Handbook of Chemical Reactive Hazards (Elsevier 2017)
Datenbanken
Beilstein Datenbank
ChemFinder
CHEMSAFE
Combined Chemical Dictionary
Hazardous Substances Data Bank (HSDB, a TOXNET Database)
The Landolt-Börnstein Database (Springer Materials)
SRC PhysProp Database
The Merck Index Online
IUCLID Datenbank
OECD Cooperative Chemicals Assessment Programme (CoCAP)
Pesticide Manual Online

2.5.2 Beurteilung durch Experten („Beweiskraftermittlung")

Zu einer sachgerechten Einstufung und Kennzeichnung kann das in der CLP-Verordnung vorgesehene Verfahren der Einstufung durch Expertenurteil beitragen (CLP Art. 9 Abs. 3 und Anh. I Abschn. 1.1.1.3). Ermittlung der Beweiskraft bedeutet, dass alle verfügbaren Informationen, die für die Gefahrenbestimmung relevant sind (s. Übersicht 2.6), im Zusammenhang betrachtet und gegeneinander abgewogen werden. Die Beweiskraftermittlung durch Experten kommt nur zur Anwendung, wenn die Kriterien nach CLP Anhang I nicht unmittelbar auf die verfügbaren Informationen angewendet werden können. Die Experten können u. a. Daten aus Unfalldatenbanken, epidemiologischen und klinischen Studien sowie gut dokumentierte Fallberichte und Beobachtungen einbeziehen. Allerdings ist in der CLP-Verordnung nicht präzisiert, wer als Experte angesehen werden kann und welche Spielräume bestehen.

Eine Liste mit Daten, die anstelle von Versuchsergebnissen verwendet werden können, wenn keine Standarddaten vorliegen, ist in REACH Anhang XI Abschnitt 1 enthalten. In REACH Anhang XI werden die Bedingungen beschrieben, unter denen die Ergebnisse aus (Q)SAR-Verfahren, Gruppie-

2 Grundzüge der Einstufung

rung und Übertragung für die Einstufung von Stoffen genutzt werden können. Diese Bedingungen gelten auch für die Einstufung von Gemischen.

Übersicht 2.6: Informationen, die Einfluss auf die Einstufung haben können

- Ergebnisse von geeigneten In-vitro-Tests
- Einschlägige Tierversuchsdaten
- Informationen aus der Anwendung des Kategorienkonzepts (Gruppierung, Übertragung)
- Ergebnisse von (Q)SAR-Verfahren
- Erfahrungen beim Menschen wie:
  – Daten über berufsbedingte Exposition
  – Daten aus Unfalldatenbanken
  – epidemiologische und klinische Studien
  – gut dokumentierte Fallberichte und Beobachtungen

Für die Anwendung der genannten Verfahren gibt es umfangreiche Leitlinien zur Informationsanforderung und Stoffsicherheitsbeurteilung. Diese können auf der ECHA-Website heruntergeladen werden.[8]

Es folgt eine kurze Erläuterung der genannten Methoden:

(Q)SAR „(Quantitative) structure-activity relationship"

Die Quantitative Struktur-Wirkungs-Beziehung ist eine Methode, die aufgrund von Analogiebetrachtungen die pharmakologischen, chemischen, biologischen und physikalischen (z. B. Siedepunkt) Wirkungen eines Moleküls vorhersagt oder abschätzt. Dies geschieht häufig durch Anwendung von Computermodellen. Da kein Modell bislang die Wirkung jeder chemischen Struktur hinlänglich abschätzen kann, sind der Rat und die Erfahrung von Fachleuten unumgänglich.

Gruppierung und Analogiekonzept (Read across)

REACH Anhang XI lässt die Möglichkeit zu, Stoffe nicht einzeln zu bewerten, sondern in Stoffgruppen zusammenzufassen. Zu einer Gruppe lassen sich Stoffe zusammenfassen, die sich strukturell ähnlich sind und daher voraussichtlich ähnliche physikalisch-chemische, toxikologische und ökotoxikologische Eigenschaften haben oder einem bestimmten Muster folgen. Die Ähnlichkeiten können auf Folgendem beruhen:

- einer gemeinsamen funktionellen Gruppe,

- gemeinsamen Ausgangsstoffen und/oder strukturell ähnlichen Produkten des physikalischen oder biologischen Abbaus oder

- einem festen Muster, nach dem sich die Wirkungsstärke der Eigenschaften über die Stoffgruppe hinweg ändert.

Voraussetzung für die Anwendung des Analogiekonzepts ist, dass sich die physikalisch-chemischen Eigenschaften, die Wirkung auf die menschliche Gesundheit und die Umwelt oder der Verbleib in der Umwelt für einen Stoff durch Interpolation aus den Daten für Bezugsstoffe ableiten lassen, die derselben Stoffgruppe angehören. Es ist dann nicht notwendig, jeden Stoff für jeden Endpunkt zu prüfen. Vorhandene Versuchsergebnisse für einen Stoff lassen sich bei Anwendung des Konzepts für ähnliche nicht getestete Chemikalien benutzen.

---

[8] ECHA, Guidance on information requirements and chemical safety assessment, Chapter R.6, QSARs and grouping of chemicals (Mai 2008), zugänglich im Internet unter https://echa.europa.eu/de/guidance-documents/guidance-on-reach

Grundzüge der Einstufung 2

2.5.3 Übertragungsgrundsätze

Für die Gesundheits- und Umweltgefahren stehen nicht immer Daten für das Gemisch selbst zur Verfügung (und müssen auch nicht erhoben werden). Doch gibt es häufig Daten für ähnliche geprüfte Gemische und einzelne gefährliche Bestandteile. Sind diese Daten relevant, zuverlässig und geeignet, können sie unter Beachtung bestimmter Regeln – der sogenannten Übertragungsgrundsätze (bridging principles) – verwendet werden, um das nicht geprüfte Gemisch einzustufen.

Nachstehend werden die Übertragungsgrundsätze beschrieben. Tabelle 2.7 enthält eine Übersicht. Die Beispiele und Abbildungen sind dem „Guidance on the Application of the CLP Criteria"[9] entnommen.

Die Übertragungsgrundsätze sind nicht auf alle Gefahrenklassen gleichermaßen anwendbar. Aus der Tabelle 2.8 geht hervor, welche Methode bei welcher Gefahrenklasse angewendet werden kann.

Wenn sich keiner der Übertragungsgrundsätze auf ein Gemisch anwenden lässt und auch eine Einstufung aufgrund der Beweiskraftermittlung durch Experten nicht möglich ist, wird das Gemisch nach den Berechnungsverfahren eingestuft, die in CLP Anhang I Teil 3 und 4 beschrieben sind (s. Kap. 2.5.4).

Tabelle 2.7: Übertragungsgrundsätze

Übertragungsgrundsätze	
Verdünnung	Ein geprüftes Gemisch wird mit einem Stoff verdünnt, der gleich oder weniger streng eingestuft ist als der am wenigsten gefährliche Bestandteil des Ausgangsgemischs. → Einstufung des Ausgangsgemischs kann beibehalten werden.
Chargenanalogie	Verschiedene Produktionschargen eines Gemischs. Keine Anhaltspunkte für einstufungsrelevante Abweichungen. → Einstufung der geprüften Produktionscharge kann auf die ungeprüfte Produktionscharge desselben Handelsprodukts übertragen werden.
Konzentrierung hochgefährlicher Gemische	Ein geprüftes Gemisch ist jeweils in die höchste Gefahrenkategorie oder -unterkategorie eingestuft. Die Konzentration der Bestandteile mit der stärksten Einstufung wird erhöht. → Das entstehende ungeprüfte Gemisch ist in die gleiche Kategorie oder Unterkategorie einzustufen.
Interpolation innerhalb einer Gefahrenkategorie	Drei Gemische A, B und C mit identischen gefährlichen Bestandteilen. Geprüfte Gemische A und B gehören derselben Gefahrenkategorie an. Das ungeprüfte Gemisch C weist dieselben gefährlichen Bestandteile auf, deren Konzentration zwischen den Konzentrationen in A und B liegt. → Gemisch C fällt in die gleiche Gefahrenkategorie wie A und B.

---

[9] ECHA, Guidance on the Application of the CLP Criteria (Version 5.0, Juli 2017), zugänglich im Internet unter: https://echa.europa.eu/de/guidance-documents/guidance-on-clp

2 Grundzüge der Einstufung

Übertragungsgrundsätze	
Im Wesentlichen ähnliche Gemische	Geprüftes Gemisch P mit Bestandteilen A + B Nicht geprüftes Gemisch Q mit Bestandteilen C + B Konzentration von B ist in beiden Gemischen im Wesentlichen gleich. Konzentration von A in Gemisch P entspricht der Konzentration von C in Gemisch Q. A und C sind gleich eingestuft und haben keine Auswirkung auf die Einstufung von B. → Gemisch Q ist der gleichen Gefahrenkategorie zuzuordnen wie Gemisch P.
Überprüfung der Einstufung bei veränderter Zusammensetzung eines Gemischs	Die Zusammensetzung eines geprüften Gemischs wird geändert. Es sind Grenzen für die zulässige Veränderung der ursprünglichen Konzentration der Bestandteile zu beachten (s. Tab. 2.9 S. 23). → Die Einstufung des ursprünglichen Gemischs kann beibehalten werden, wenn die zulässige Veränderung der Konzentration nicht überschritten wird.
Aerosole	Ein Gemisch in Form eines Aerosols ist in dieselbe Gefahrenkategorie einzustufen wie die nichtaerosole Form des Gemischs, sofern das Treibgas sich beim Sprühen nicht auf die gefährlichen Eigenschaften des Gemischs auswirkt und belegt ist, dass die aerosole Form nicht gefährlicher ist als die nichtaerosole Form.

Tabelle 2.8: Anwendbarkeit der Übertragungsgrundsätze auf die Gefahrenklassen

	Verdünnung	Chargenanalogie	Konzentrierung hochgefährlicher Gemische	Interpolation innerhalb einer Gefahrenkategorie	Im Wesentlichen ähnliche Gemische	Überprüfung bei veränderter Zusammensetzung	Aerosole
Akute Toxizität	x	x	x	x	x	x	x
Ätz-/Reizwirkung auf die Haut	x	x	x	x	x	x	x
Schwere Augenschädigung/Augenreizung	x	x	x	x	x	x	x
Sensibilisierung der Atemwege oder der Haut	x	x	–	–	x	x	x
Keimzellmutagenität	x	x	–	–	x	x	–
Karzinogenität	x	x	–	–	x	x	–
Reproduktionstoxizität	x	x	–	–	x	x	–
STOT, einmalige Exposition	x	x	x	x	x	x	x
STOT, wiederholte Exposition	x	x	x	x	x	x	x
Aspirationsgefahr	x	x	x	x	x	x	–
Gewässergefährdend	x	x	x	x	x	x	–
Die Ozonschicht schädigend	–	–	–	–	–	–	–

Grundzüge der Einstufung 2

Verdünnung

Wird ein geprüftes Gemisch mit einem Stoff (Verdünnungsmittel) versetzt, der in eine vergleichbare oder eine niedrigere Gefahrenkategorie eingestuft wurde als der am wenigsten gefährliche Bestandteil des Ausgangsgemischs, und ist nicht davon auszugehen, dass das Verdünnungsmittel die Einstufung eines anderen Bestandteils beeinflusst, ist das neue Gemisch als ebenso gefährlich wie das Ausgangsgemisch einzustufen (CLP Anh. I Abschn. 1.1.3.1).

Der Übertragungsgrundsatz „Verdünnung" kann auch angewendet werden, wenn

- ein als reizend eingestuftes Gemisch mit Wasser,
- ein als reizend eingestuftes Gemisch mit einem als nicht gefährlich eingestuftem Bestandteil oder
- ein als ätzend eingestuftes Gemisch mit einem als nicht gefährlich oder als reizend eingestuftem Bestandteil

verdünnt wird.

Beispiel 2.1: Übertragungsgrundsatz „Verdünnung"

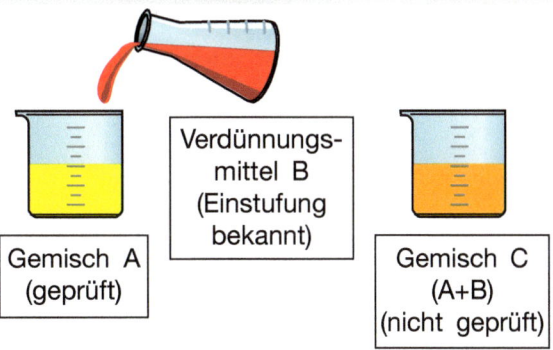

Das Gemisch A, das geprüft und in die Gefahrenklasse Akute Toxizität, Kategorie 2 eingestuft ist, wird mit einem Stoff B verdünnt. Es entsteht das Gemisch C.

Wenn B in eine vergleichbare oder niedrigere Gefahrenkategorie eingestuft ist als der am wenigsten gefährliche Bestandteil von Gemisch A und nicht davon auszugehen ist, dass er die Einstufung eines anderen Bestandteils beeinflusst, dann kann das ungeprüfte Gemisch C ebenfalls in die Gefahrenklasse Akute Toxizität, Kategorie 2 eingestuft werden.

Das Vorgehen kann allerdings dazu führen, dass C zu streng eingestuft wird. Der Lieferant kann daher wahlweise auch das Rechenverfahren nach CLP Anhang I Abschnitt 3.1.3.6. (s. Kap. 3.1.3) anwenden und das Gemisch C auf der Basis seiner Bestandteile einstufen.

Chargenanalogie

Es kann davon ausgegangen werden, dass die Gefahrenkategorie einer geprüften Produktionscharge eines Gemischs im Wesentlichen der einer anderen, ungeprüften Produktionscharge desselben Handelsprodukts entspricht, das vom selben Lieferanten oder unter seiner Kontrolle erzeugt wurde, sofern kein Anlass zu der Annahme besteht, dass sich bedingt durch eine relevante Veränderung die Einstufung der ungeprüften Charge geändert hat. In letzterem Fall ist eine Neubewertung erforderlich (CLP Anh. I Abschn. 1.1.3.2).

2 Grundzüge der Einstufung

Konzentrierung hochgefährlicher Gemische

Wenn ein geprüftes Gemisch in die höchste Gefahrenkategorie oder -unterkategorie eingestuft wurde und die Konzentration der unter diese Kategorie oder Unterkategorie fallenden Bestandteile des geprüften Gemischs erhöht wird, ist das entstehende ungeprüfte Gemisch ohne zusätzliche Prüfung in diese Kategorie oder Unterkategorie einzustufen (CLP Anh. I Abschn. 1.1.3.3).

Interpolation innerhalb einer Gefahrenkategorie

Wenn drei Gemische A, B und C mit identischen Bestandteilen vorliegen, bei denen Gemisch A und Gemisch B geprüft wurden und derselben Gefahrenkategorie angehören und das ungeprüfte Gemisch C dieselben gefährlichen Bestandteile aufweist wie A und B, deren Konzentrationen zwischen den Konzentrationen der gefährlichen Bestandteile in den Gemischen A und B liegen, ist anzunehmen, dass das Gemisch C in dieselbe Gefahrenkategorie wie die Gemische A und B fällt (CLP Anh. I Abschn. 1.1.3.4).

Beispiel 2.2: Übertragungsgrundsatz „Interpolation"

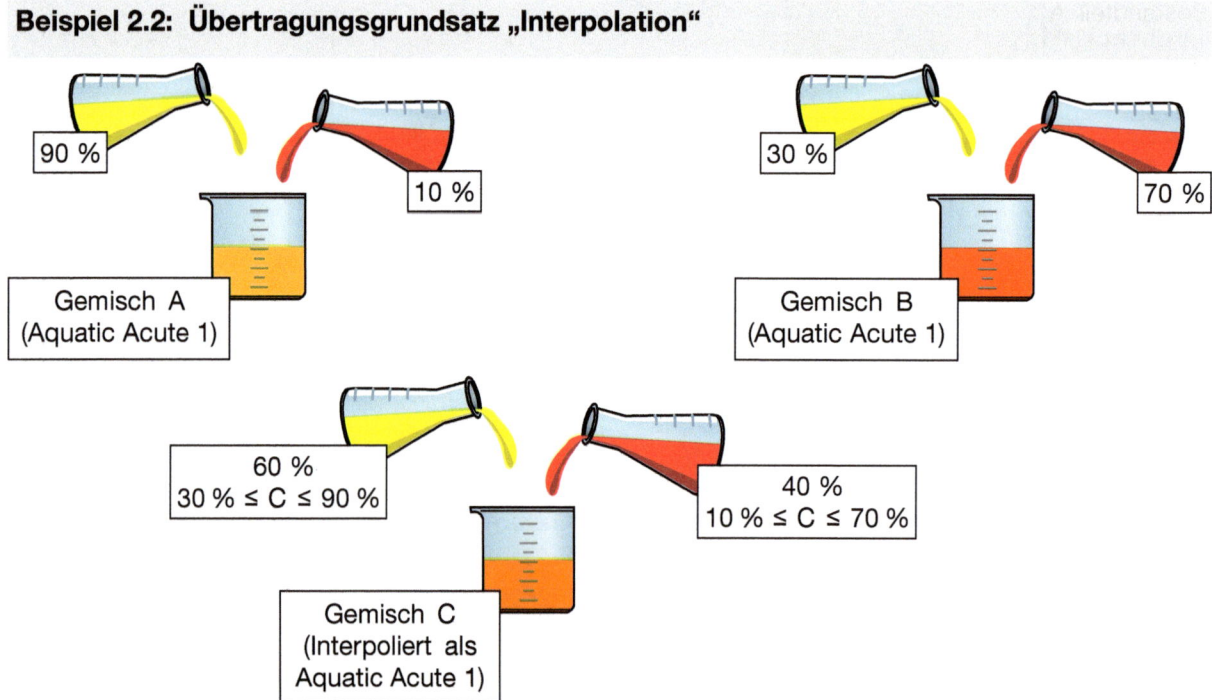

Die Gemische A und B sind geprüft und in die gleiche Gefahrenklasse – in diesem Beispiel in die Klasse Gewässergefährdend, Kategorie Akut 1 – eingestuft. Wenn das ungeprüfte Gemisch C die gleichen Bestandteile wie A und B enthält und deren Konzentration in C jeweils zwischen den Konzentrationen in A und B liegt, kann C ebenfalls in die Klasse Gewässergefährdend, Kategorie Akut 1 eingestuft werden.

Im Wesentlichen ähnliche Gemische

Es wird folgender Fall angenommen:

a) Es liegen zwei Gemische mit je zwei Bestandteilen vor:

   Gemisch P: A + B

   Gemisch Q: C + B

b) Die Konzentration des Bestandteils B ist in beiden Gemischen im Wesentlichen dieselbe.

Grundzüge der Einstufung 2

c) Die Konzentration des Bestandteils A in Gemisch P entspricht der des Bestandteils C in Gemisch Q.

d) Für A und C sind die Gefahrendaten verfügbar, die im Wesentlichen gleich sind, d. h. sie fallen unter dieselbe Gefahrenkategorie und es wird nicht erwartet, dass sie sich auf die Einstufung von B auswirken.

Wurde Gemisch P oder Q anhand von Prüfdaten bereits eingestuft, ist das jeweils andere Gemisch derselben Gefahrenkategorie zuzuordnen (CLP Anh. I Abschn. 1.1.3.5).

Beispiel 2.3: Übertragungsgrundsatz „Im Wesentlichen ähnliche Gemische"

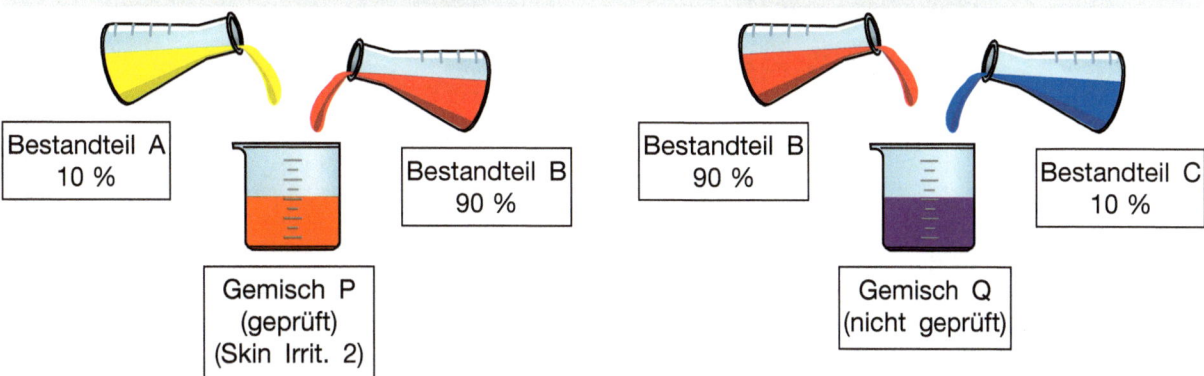

In diesem Beispiel ist das Gemisch P mit den Bestandteilen A und B geprüft und als hautreizend (Kategorie 2) eingestuft. Wenn der Bestandteil C die gleiche Gefahrenkategorie und die gleiche Stärke wie A aufweist und in der gleichen Konzentration zugefügt wird, dann kann das ungeprüfte Gemisch Q ebenfalls als hautreizend (Kategorie 2) eingestuft werden. Die Stärke kann sich zum Beispiel in unterschiedlichen spezifischen Konzentrationsgrenzen äußern. Die Methode kann nicht angewendet werden, wenn A und C sich in ihrer reizenden Wirkung unterscheiden.

Überprüfung der Einstufung bei veränderter Zusammensetzung eines Gemischs

Ändert der Hersteller, Importeur oder nachgeschaltete Anwender die Zusammensetzung eines Gemischs, das als gefährlich eingestuft ist, muss er eine neue Bewertung durchführen und die Einstufung anpassen, wenn

- die ursprüngliche Konzentration eines oder mehrerer der gefährlichen Bestandteile um mehr als 5 bis 30 % – abhängig von der ursprünglichen Konzentration – geändert wird. Die Grenzen sind in der Tabelle 2.9 festgelegt (CLP Anh. I Abschn. 1.1.3.6).

Tabelle 2.9: Veränderungen der Gemischzusammensetzung

Bereich der ursprünglichen Konzentration des Bestandteils	Zulässige Veränderung der ursprünglichen Konzentration des Bestandteils
$C \leq 2{,}5\ \%$	$\pm\ 30\ \%$
$2{,}5 < C \leq 10\ \%$	$\pm\ 20\ \%$
$10 < C \leq 25\ \%$	$\pm\ 10\ \%$
$25 < C \leq 100\ \%$	$\pm\ 5\ \%$

- ein oder mehrere Bestandteile in Konzentrationen ersetzt oder hinzugefügt werden, die den spezifischen oder allgemeinen Berücksichtigungsgrenzwerten (s. Tab. 2.10 in Kap. 2.5.4) entsprechen oder darüber liegen.

2 Grundzüge der Einstufung

Zu beachten ist: Dies gilt nur für Gemische, die bereits als gefährlich eingestuft sind. Wird die Zusammensetzung eines Gemischs geändert, das zuvor als nicht gefährlich eingestuft war, können Konzentrationsgrenzen überschritten werden, die eine Einstufung als gefährlich notwendig machen. Ändert also ein Hersteller, Importeur oder nachgeschalteter Anwender die Zusammensetzung eines ungefährlichen Gemischs, dann muss er in jedem Fall eine Neueinstufung des Gemischs durchführen.

Beispiel 2.4: Überprüfung bei geänderter Zusammensetzung

Gegeben ist ein als gefährlich eingestuftes Gemisch, dessen Einstufung auf die zwei gefährlichen Bestandteile A und B zurückgeht. Die Konzentration von A beträgt 2 %, die von B 12 %. In welchen Grenzen darf man die Konzentrationen von A und B variieren, ohne eine Neueinstufung des Gemischs durchführen zu müssen?

Stoff	Konzentration im ursprünglichen Gemisch	zulässige Konzentrationsänderung	zulässige Abweichung von der ursprünglichen Konzentration	zulässiger Konzentrationsbereich im neuen Gemisch
A	2 %	± 30 %	± 0,6	1,4-2,6 %
B	12 %	± 10 %	± 1,2	10,8-13,2 %

Nach Tabelle 2.9 ist für den Stoff A eine Änderung der ursprünglichen Konzentration um ± 30 % zulässig, für den Stoff B von ± 10 %, entsprechend ± 0,6 bzw. ± 1,2 %. Wenn demnach die Konzentration von A zwischen 1,4 und 2,6 % variiert, die von B zwischen 10,8 und 13,2 %, kann die Einstufung des ursprünglichen Gemischs für das neue Gemisch übernommen werden.

Aerosole

Für die Einstufung von Gemischen in die Gefahrenklassen, die in Tabelle 2.8 in der Spalte Aerosole mit „x" markiert sind, gilt: Ein Gemisch in Form eines Aerosols ist in dieselbe Gefahrenkategorie wie die nichtaerosole Form des Gemischs einzustufen, sofern das zugefügte Treibgas sich beim Sprühen nicht auf die gefährlichen Eigenschaften des Gemischs auswirkt und wissenschaftliche Nachweise verfügbar sind, die belegen, dass die aerosole Form nicht gefährlicher ist als die nichtaerosole Form (CLP Anh. I Abschn. 1.1.3.7).

2.5.4 Einstufung von Gemischen über die Inhaltsstoffe

In vielen Fällen liegen für ein Gemisch keine Daten aus Prüfungen vor, die die Anwendung der Übertragungsgrundsätze oder des Verfahrens der Beweiskraftermittlung auf alle Gesundheits- und Umweltgefahren erlauben. In diesen Fällen basiert die Einstufung auf einem Rechenverfahren oder auf Konzentrationsgrenzwerten für die eingestuften Bestandteile eines Gemischs. Welches Verfahren anzuwenden ist, ist in CLP Anhang I Teile 3, 4 und 5 für jede Gefahrenklasse dargelegt.

Berechnungsverfahren

Kommen bei bestimmten Gefahrenklassen Rechenverfahren zum Einsatz, werden Gemische über die Eigenschaften ihrer Bestandteile eingestuft. Die Einstufung leitet sich direkt von den toxikologischen Daten der Inhaltsstoffe ab.

Um z. B. ein Gemisch in die Gefahrenklasse Akute Toxizität einzustufen, muss man demnach die LD/LC-Werte aller Inhaltsstoffe kennen. Sind sie nicht bekannt, nimmt man einen Umweg über einen abgeleiteten Wert: Anhand der Einstufung der Inhaltsstoffe kann ein Toxizitätswert aus einer Tabelle abgelesen werden. Dieser wird als „Schätzwert Akuter Toxizität" (acute toxicity estimate, ATE) bezeichnet (s. Kap. 3.1).

Grundzüge der Einstufung 2

Berücksichtigungs- und Konzentrationsgrenzwerte

Bei anderen Gefahrenklassen beruht die Einstufung der Gemische auf Grenzwerten.

CLP unterscheidet zwischen zwei Arten von allgemeinen Grenzwerten: Berücksichtigungs- und Konzentrationsgrenzwerte. Hinzu kommen spezifische Grenzwerte und Multiplikationsfaktoren.

Der *Berücksichtigungsgrenzwert* (cut-off value) ist die niedrigste Konzentration, ab der ein Stoff bei der Einstufung eines Gemischs zu berücksichtigen ist (CLP Art. 11). Stoffe – sei es als identifizierte Verunreinigungen, Zusatzstoffe oder einzelne Gemischbestandteile – tragen also erst zu der Einstufung bei, wenn ihre Konzentration über diesem Grenzwert liegt (s. Tab. 2.10), selbst dann, wenn sie nicht direkt die Einstufung bestimmen. Auf sie wird daher in manchen Gefahrenklassen als „relevante Bestandteile" Bezug genommen. Wenn für bestimmte Stoffe *spezifische* Konzentrationsgrenzwerte (s.u.) festgesetzt wurden, die niedriger sind als die *allgemeinen* Berücksichtigungsgrenzwerte, dann haben diese Vorrang.

Davon zu unterscheiden ist der *Konzentrationsgrenzwert*, der zur Einstufung in bestimmte Gefahrenklassen oder Differenzierungen herangezogen werden kann. Wird er überschritten, führt das Vorhandensein eines eingestuften Stoffs in einem Gemisch zu einer Einstufung des Gemischs als gefährlich (CLP Art. 10). Für die Gefahrenklasse „Akute Toxizität" ist er nicht anwendbar. Für die einzelnen Gefahrenklassen und Differenzierungen sind in den jeweiligen Abschnitten des Anhangs I der CLP-Verordnung allgemeine Konzentrationsgrenzwerte angegeben. Diese allgemeinen Konzentrationsgrenzwerte sind heranzuziehen, es sei denn, für einen Stoff sind spezifische Konzentrationsgrenzwerte in der Stoffliste nach Anhang VI der CLP-Verordnung oder durch den Hersteller festgesetzt.

> **Beispiel 2.5:**
> Für einen Stoff mit hautreizender Wirkung liegt der Berücksichtigungsgrenzwert bei 1 % (s. Tab. 2.10). Aber erst bei Konzentrationen oberhalb 10 % (s. Kap. 3.2, Tab. 3.2.2) führt ein hautreizender Stoff in einem Gemisch dazu, dass auch das Gemisch als hautreizend eingestuft wird. In Konzentrationen zwischen 1 und 10 % kann der Stoff jedoch zur Einstufung des Gemischs als hautreizend beitragen, wenn andere hautätzende oder -reizende Stoffe in Konzentrationen unterhalb des Berücksichtigungsgrenzwerts in dem Gemisch enthalten sind.

Spezifische Konzentrationsgrenzwerte (CLP Art. 10 Abs. 1) können für bestimmte Stoffe festgelegt werden, wenn eine mit dem Stoff verbundene Gefahr eindeutig schon dann gegeben ist, wenn der Stoff in einer Konzentration unterhalb des allgemeinen Konzentrationsgrenzwertes vorliegt (in Ausnahmefällen auch dann, wenn die Gefahr oberhalb des allgemeinen Konzentrationsgrenzwertes eindeutig nicht gegeben ist).

An die Stelle der spezifischen Konzentrationsgrenzwerte treten bei gewässergefährdenden Stoffen die sogenannten *M-Faktoren* (CLP Art. 10 Abs. 2). Bei der Einstufung von Gemischen, die hochtoxische Bestandteile enthalten, führt CLP einen Multiplikationsfaktor (M-Faktor) ein, um deren Wirkung im Gemisch angemessen zu berücksichtigen (s. auch Kap. 4.2.3).

Sowohl spezifische Konzentrationsgrenzwerte als auch M-Faktoren können über die harmonisierte Einstufung festgelegt sein. Die Verordnung räumt aber auch Herstellern, Importeuren und nachgeschalteten Anwendern die Möglichkeit ein, einem Stoff spezifische Konzentrationsgrenzwerte bzw. M-Faktoren für nicht harmonisierte Gefahrenklassen zuzuordnen.

2 Grundzüge der Einstufung

Tabelle 2.10: Allgemeine Berücksichtigungsgrenzwerte[1]

Gefahrenklassen	Berücksichtigungsgrenzwert in %[2]
Akut Toxizität, Kategorien 1, 2, 3	**0,1**
Akut Toxizität, Kategorie 4	**1**
Ätz-/Reizwirkung auf die Haut	**1[3]**
Schwere Augenschädigung/Augenreizung	**1[3]**
Sensibilisierung der Atemwege, Kategorie 1A	fest, flüssig: 0,1 gasförmig: 0,1
Sensibilisierung der Atemwege, Kategorien 1, 1B	fest, flüssig: 1,0 gasförmig: 0,2
Sensibilisierung der Haut, Kategorie 1A	0,1
Sensibilisierung der Haut, Kategorien 1, 1B	1,0
Keimzellmutagenität, Kategorien 1A, 1B	0,1
Keimzellmutagenität, Kategorie 2	1
Karzinogenität, Kategorie 1A, 1B	0,1
Karzinogenität, Kategorie 2	1
Reproduktionstoxizität, Kategorie 1A, 1B	0,3
Reproduktionstoxizität, Kategorie 2	3
Laktation	0,3
STOT einmalige Exposition, Kategorie 1	1
STOT einmalige Exposition, Kategorie 2	10
STOT wiederholte Exposition, Kategorie 1	1
STOT wiederholte Exposition, Kategorie 2	10
Aspirationsgefahr	10
Gewässergefährdend, Kategorie Akut 1	**0,1[3]**
Gewässergefährdend, Kategorie Chronisch 1	**0,1[3]**
Gewässergefährdend, Kategorien Chronisch 2, 3, 4	**1**
Die Ozonschicht schädigend	0,1

[1] Als Berücksichtigungsgrenzwerte gelten nicht nur die allgemeinen Grenzwerte nach Tab. 1.1 in CLP Anh. I (hier fett gedruckt), sondern auch der allgemeine Konzentrationsgrenzwert für die Einstufung, wenn in Tab. 1.1 keine Gefahrenklasse angegeben ist (s. CLP Anh. I Nr. 1.1.2.2.2. a) iv)).
[2] angegeben in Gewichtsprozenten außer bei gasförmigen Gemischen aus Gefahrenklassen, deren Grenzwerte sich am besten in Volumenprozent ausdrücken lassen
[3] oder gegebenenfalls geringer, wenn Anlass zu der Annahme besteht, dass auch eine geringere Konzentration einstufungsrelevant ist

Grundzüge der Einstufung 2

Übersicht 2.11: Schwellenwerte

- **Allgemeiner Berücksichtigungsgrenzwert (Cut-off value)**
  - Niedrigste Konzentration, ab der ein Stoff bei der Einstufung zu berücksichtigen ist
  - Festgelegt für bestimmte Gefahrenklassen in CLP Anhang I Tabelle 1.1
- **Allgemeiner Konzentrationsgrenzwert (Generic Concentration Limit, GCL)**
  - Niedrigste Konzentration, ab der ein Stoff zu einer Einstufung als gefährlich führt
  - Festgelegt für bestimmte Gefahrenklassen in CLP Anhang I Teil 3
- **Spezifischer Konzentrationsgrenzwert (Specific Concentration Limit, SCL)**
  - Niedrigste Konzentration, ab der ein Stoff zu einer Einstufung als gefährlich führt
  - Stoffspezifisch
  - Festgelegt vom Hersteller oder in CLP Anhang VI Tabelle 3
- **M(ultiplikations)-Faktor**
  - Faktor, der auf die Konzentration eines als gewässergefährdend, Kategorie 1 eingestuften Stoffs angewandt wird, um dessen Wirkung in einem Gemisch angemessen zu berücksichtigen
  - Stoffspezifisch
  - Festgelegt vom Hersteller oder in CLP Anhang VI Tabelle 3

Spezifische Konzentrationsgrenzwerte haben Vorrang!

Additivitätsprinzip

Für manche Gefahrenklassen gilt das Additivitätsprinzip. In diesen Fällen muss ein Gemisch in die betrachtete Gefahrenklasse eingestuft werden, wenn die Summe der Konzentrationen eines oder mehrerer Bestandteile des Gemischs den allgemeinen Konzentrationsgrenzwert für diese Gefahrenklasse übersteigt. Wurden für einen Stoff ein spezifischer Konzentrationsgrenzwert oder ein M-Faktor festgelegt, sind sie zu berücksichtigen. Das Additivitätsprinzip lässt sich nicht auf alle Klassen anwenden (s. Übersicht 2.12).

Übersicht 2.12: Additivitätsprinzip

Additivitätsprinzip anwendbar:
- Akute Toxizität
- Ätz-/Reizwirkung auf die Haut (außer in speziellen Fällen)
- Schwere Augenschädigung/-reizung (außer in speziellen Fällen)
- Spezifische Zielorgantoxizität, einmalige Exposition, Kategorie 3 (Atemwegsreizung)
- Spezifische Zielorgantoxizität, einmalige Exposition, Kategorie 3 (Betäubende Wirkungen)
- Aspirationsgefahr (unter Beachtung der Viskosität des Gemischs)
- Kurzfristige (akute) und langfristige (chronische) Gewässergefährdung
Additivitätsprinzip nicht anwendbar:
- Sensibilisierung der Atemwege/der Haut
- Keimzellmutagenität
- Karzinogenität
- Reproduktionstoxizität
- Spezifische Zielorgantoxizität, einmalige und wiederholte Exposition, Kategorien 1 und 2

2 Grundzüge der Einstufung

Bei der additiven Einstufung trägt jeder Bestandteil proportional zu seiner Stärke und Konzentration zu den Gesamteigenschaften des Gemischs bei.

Beispiel 2.6:
Ein Gemisch enthält zwei augenreizende Stoffe (Kategorie 2), jeweils in einer Konzentration oberhalb der Berücksichtigungsgrenze von 1 %. Das Gemisch ist dann als augenreizend einzustufen, wenn die Gesamtkonzentration der beiden Stoffe 10 % oder mehr beträgt. Ein augenreizender Stoff, dessen Konzentration unter dem allgemeinen Berücksichtigungsgrenzwert von 1 % für die Gefahrenklasse „Schwere Augenschädigung/Augenreizung" liegt, würde nicht mitgerechnet.

Bei der nicht-additiven Einstufung werden die Wirkungen der Bestandteile isoliert bewertet.

Beispiel 2.7:
Ein Gemisch enthält zwei Bestandteile, die als karzinogen der Kategorie 2 eingestuft sind, beide in Konzentrationen < 1 %. Das Gemisch muss nicht als karzinogen eingestuft werden, auch dann nicht, wenn die Summe der Konzentrationen 1 % übersteigt. Es wäre als karzinogen einzustufen, wenn einer der beiden Bestandteile in einer Konzentration ≥ 1 % vorliegt.

Die Anwendung der Grenzwerte lässt sich anhand der beiden folgenden Graphiken veranschaulichen:

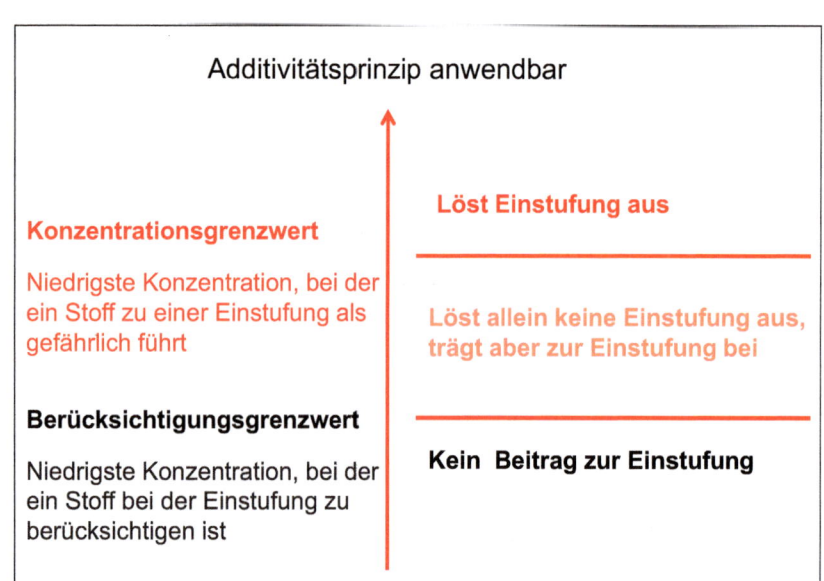

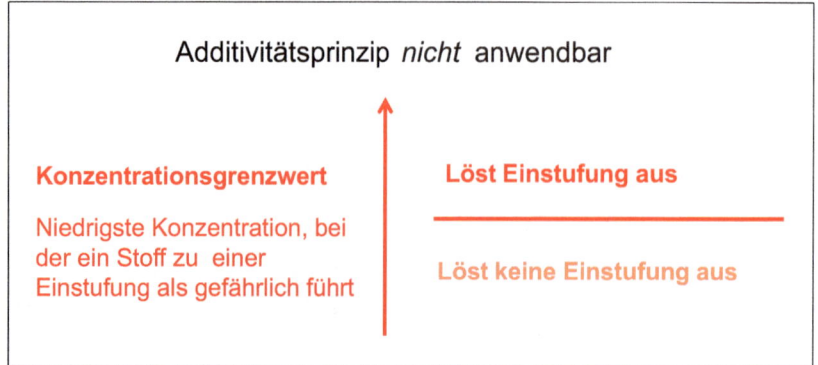

3 Gesundheitsgefahren

3.1 Akute Toxizität

3.1.1 Einstufungskriterien

Die Einstufung in die Gefahrenkategorie Akute Toxizität beruht im Allgemeinen auf in Versuchen gewonnenen oder auf abgeleiteten Daten zur letalen Dosis (z. B. LD_{50}- oder LC_{50}-Werte). Einstufungskriterium ist der Schätzwert Akuter Toxizität (acute toxicity estimate, ATE), der identisch mit einem experimentell bestimmten LD_{50}-/LC_{50}-Wert sein kann, der aber auch aus anderen Informationen abgeleitet werden kann. Das gilt für Stoffe und Gemische gleichermaßen. Aufgrund des ATE-Wertes werden Stoffe und Gemische mit Hilfe der Tabelle 3.1.1 einer von vier Gefahrenkategorien zugeordnet.

Die Ableitung des ATE-Wertes ist damit das zentrale Problem bei der Einstufung von Stoffen und Gemischen aufgrund ihrer Toxizität. Er wird in der Regel aus Ergebnissen von Tierversuchen gewonnen, kann aber prinzipiell auch aus anderen Informationen abgeleitet werden. Für Gemische sind selten Versuchsdaten vorhanden, so dass die Ableitung von ATE-Werten eine besondere Rolle spielt.

Das Vorgehen bei der Einstufung erfolgt in den drei Schritten *„Ermittlung der relevanten Daten"*, *„Prüfung der Informationen"* und *„Entscheidung über die Einstufung"* (s. Übersicht 2.1 S. 7):

Schritt 1: Ermittlung der relevanten Daten

- Humandaten aus Fallberichten, epidemiologischen und klinischen Studien, Unfalldatenbanken
- Ergebnisse aus (Q)SAR-Modellen, Stoffgruppen- und Analogiekonzept
- Ergebnisse aus Tierversuchen: LD_{50}/LC_{50}-Werte vorzugsweise aus Versuchen mit Ratten (oral) bzw. Kaninchen (dermal). LC_{50}-Werte für die inhalative Toxizität, die aus Versuchen mit anderen als einer 4-stündigen Expositionszeit gewonnen wurden, lassen sich in 4 h-Werte umrechnen (Expertenurteil!).

Schritt 2: Prüfung der Informationen

- Humandaten: Viele Ungewissheiten bzgl. der Randbedingungen → Expertenurteil notwendig! Ist ein Wert für die niedrigste letale Dosis oder Konzentration beim Menschen bekannt, kann er direkt zur Ableitung eines ATE-Wertes verwendet werden.

> **Beispiel 3.1.1: Methanol**
>
> LD_{50} oral Ratte ≥ 5000 mg/kg → keine Einstufung
>
> Aber: Es ist bekannt, dass die Ratte sehr viel weniger empfindlich auf die toxische Wirkung von Methanol reagiert als der Mensch, also kein gutes Modell darstellt. Der LD_{50} aus dem Versuch mit Ratten kann daher nicht als ATE herangezogen werden.
>
> Niedrigste letale orale Dosis für den Menschen: 300-1000 mg/kg → der niedrigste Wert von 300 mg/kg lässt sich direkt als ATE in der Tabelle 3.1.1 einsetzen → Einstufung in Akute Toxizität, Kategorie 3

Wenn keine genauen/quantitativen letalen Dosen vorliegen, lässt sich mit dem Verfahren, das in CLP Anhang I Abschnitt 3.1.3.6.2.1 beschrieben wird, auf halbquantitativer oder qualitativer Grundlage ein abgeleiteter Umrechnungswert nach Tabelle 3.1.2 gewinnen, der zur Berechnung des ATE-Wertes von Gemischen verwendet werden kann.

3 Gesundheitsgefahren

Tabelle 3.1.1: Gefahrenkategorien der akuten Toxizität

Expositionsweg	Kategorie 1	Kategorie 2	Kategorie 3	Kategorie 4
oral (mg/kg KG)	ATE ≤ 5	5 < ATE ≤ 50	50 < ATE ≤ 300	300 < ATE ≤ 2 000
dermal (mg/kg KG)	ATE ≤ 50	50 < ATE ≤ 200	200 < ATE ≤ 1 000	1 000 < ATE ≤ 2 000
inhalativ Gase (ppmV)[1]	ATE ≤ 100	100 < ATE ≤ 500	500 < ATE ≤ 2 500	2 500 < ATE ≤ 20 000
inhalativ Dämpfe (mg/l)[1][3]	ATE ≤ 0,5	0,5 < ATE ≤ 2,0	2,0 < ATE ≤ 10,0	10,0 < ATE ≤ 20,0
inhalativ Stäube, Nebel (mg/l)[2]	ATE ≤ 0,05	0,05 < ATE ≤ 0,5	0,5 < ATE ≤ 1,0	1,0 < ATE ≤ 5,0

[1] Die Werte beruhen auf einer 4-stündigen Prüfexposition. Daten aus Versuchen mit einer 1-stündigen Exposition lassen sich umrechnen, indem man sie durch 2 teilt.
[2] Die Werte beruhen auf einer 4-stündigen Prüfexposition. Daten aus Versuchen mit einer 1-stündigen Exposition lassen sich umrechnen, indem man sie durch 4 teilt.
[3] Anzuwenden auf Dämpfe, wenn die Prüfatmosphäre aus einer Mischung aus flüssigen und gasförmigen Phasen besteht. Besteht die Prüfatmosphäre aus nahezu gasförmigem Dampf, sind die Kriterien für Gase heranzuziehen.

Tabelle 3.1.2: Umrechnungswerte

Expositionsweg	Im Versuch ermittelter Bereich des ATE	Gefahrenkategorie	Umrechnungswert der akuten Toxizität
oral (mg/kg KG)	0 < ATE ≤ 5	1	0,5
	5 < ATE ≤ 50	2	5
	50 < ATE ≤ 300	3	100
	300 < ATE ≤ 2 000	4	500
dermal (mg/kg KG)	0 < ATE ≤ 50	1	5
	50 < ATE ≤ 200	2	50
	200 < ATE ≤ 1 000	3	300
	1 000 < ATE ≤ 2 000	4	1 100
inhalativ Gase (ppmV)	0 < ATE ≤ 100	1	10
	100 < ATE ≤ 500	2	100
	500 < ATE ≤ 2 500	3	700
	2 500 < ATE ≤ 20 000	4	4 500
inhalativ Dämpfe (mg/l)	0 < ATE ≤ 0,5	1	0,05
	0,5 < ATE ≤ 2,0	2	0,5
	2,0 < ATE ≤ 10,0	3	3
	10,0 < ATE ≤ 20,0	4	11
inhalativ Stäube, Nebel (mg/l)	0 < ATE ≤ 0,05	1	0,005
	0,05 < ATE ≤ 0,5	2	0,05
	0,5 < ATE ≤ 1,0	3	0,5
	1,0 < ATE ≤ 5,0	4	1,5

Gesundheitsgefahren 3

Beispiel 3.1.2: N,N-Dimethylanilin

LD_{50} dermal Kaninchen > 1690 mg/kg KG → Einstufung in Akute Toxizität, Kategorie 4

Aber: Viele gut dokumentierte Fallberichte zeigen, dass Menschen nach relativ geringer oraler, dermaler oder inhalativer Exposition gegenüber aromatischen Aminen starben. Ferner ist bekannt, dass Kaninchen weniger empfindlich auf Methämoglobinbildner reagieren als der Mensch. Die Daten aus den Versuchen mit Kaninchen sind daher nicht zur Einstufung geeignet.

Da es für N,N-Dimethylanilin selbst keine exakten toxikologischen Humandaten gibt, wird es durch Vergleich mit strukturell ähnlichen Stoffen in die Kategorie 3 eingestuft. Nach Tabelle 3.1.2 folgt daraus für den dermalen Expositionsweg ein Umrechnungswert von 300, der für die Berechnung des ATE von N,N-Dimethyl-haltigen Gemischen nach der Additivitätsformel (s. Kap. 3.1.3) eingesetzt werden kann.

- Ergebnisse aus (Q)SAR-Modellen, Stoffgruppen- und Analogiekonzepten
  Anstelle von Versuchsergebnissen können die Ergebnisse aus (Q)SAR-Modellen, Stoffgruppen- und Analogiekonzepten verwendet werden, wenn die Bedingungen nach REACH Anhang XI eingehalten sind (s. auch IR/CSA Abschn. R.7.4.4.1[10]). Expertenurteil erforderlich!

- Ergebnisse aus Tierversuchen
  - LD_{50}/LC_{50}-Werte können direkt als ATE angesehen werden.

- Stehen keine LD_{50}/LC_{50}-Werte zur Verfügung, wird der Umrechnungswert herangezogen. Dieser ergibt sich
  - aus den Ergebnissen einer Dosisbereichsprüfung oder
  - aus gegebenen Einstufungskategorien

  nach Tabelle 3.1.2. Wenn also für einen Stoff nur ein im Versuch ermittelter Toxizitätsbereich bekannt ist oder eine Gefahrenkategorie der akuten Toxizität angegeben ist, wird mit Hilfe der Tabelle 3.1.2 der Umrechnungswert ermittelt. Dabei handelt es sich um eine reine Rechengröße, kein Prüfergebnis. Er wird für einen Stoff bestimmt und zur Berechnung der Einstufung eines Gemischs, das diesen Stoff als Bestandteil enthält, eingesetzt.

Bei oraler und inhalativer Exposition ist die Ratte die bevorzugte Tierart, an der die Prüfungen durchgeführt werden. Bei der Beurteilung der dermalen Toxizität ist es die Ratte oder das Kaninchen. Wenn mehrere experimentell bestimmte ATE vorhanden sind, wird in der Regel der niedrigste Wert für die Einstufung herangezogen. Ein gut begründetes Expertenurteil kann aber einen anderen ATE-Wert bevorzugen. Eine Kombination der ATE aus verschiedenen Versuchen oder eine Mittelwertbildung ist nicht sinnvoll. Zu den Faktoren, die bei der Beweiskraftermittlung bzw. dem Expertenurteil zu berücksichtigen sind, siehe „Guidance on the Application of CLP Criteria", Abschnitt 3.1.2.3.2 (Version 5.0).

Beweiskraft der Daten

- Wenn geeignete, verlässliche und repräsentative Humandaten vorliegen, haben diese Vorrang.

- Sind Humandaten vorhanden, die keine Einstufung in eine Gefahrenklasse nahelegen, liegen aber (tier)experimentelle Daten vor, die eine Einstufung rechtfertigen, dann werden die experimentellen Daten zugrundegelegt, außer wenn die Daten aus Tierversuchen erwiesenermaßen für den Menschen nicht relevant sind. Wenn die Nachweise beim Menschen *und* beim Tier nicht auf eine Einstufung schließen lassen, ist keine Einstufung erforderlich.

- Wenn keine Humandaten vorliegen, werden nur die experimentellen Daten zugrundegelegt.

- Expertenurteil notwendig!

---

[10] ECHA, Guidance on information requirements and chemical safety assessment, Chapter R.7.a (Version 6.0, Juli 2017), zugänglich im Internet unter https://echa.europa.eu/de/guidance-documents/guidance-on-reach

3 Gesundheitsgefahren

Schritt 3: *Entscheidung über die Einstufung*

Die Einstufung erfolgt durch Vergleich der ermittelten ATE-Werte mit den Einstufungskriterien in Tabelle 3.1.1.

> **Beispiel 3.1.3:**
>
> Für ein Gas wird in einem den OECD-Richtlinien 403[11] entsprechendem Test mit Ratten unter Beachtung der Guten Laborpraxis ein LC_{50}-Wert von 4500 ppm/4 h ermittelt. Dieser Wert kann direkt als ATE angesehen und mit den Kriterien in Tabelle 3.1.1 verglichen werden. Daraus ergibt sich eine Einstufung in die Kategorie 4 der Klasse Akute Toxizität (inhalativ).

Die Einstufung wird für jeden Expositionsweg getrennt durchgeführt, d. h. die beschriebenen Schritte 1 bis 3 sind nacheinander für die orale, dermale und inhalative Toxizität auszuführen. Sind Informationen zu allen drei Expositionswegen vorhanden, so resultiert eine Einstufung in alle drei Differenzierungen der Gefahrenklasse Akute Toxizität, u. U. mit drei verschiedenen Gefahrenkategorien.

> **Beispiel 3.1.4:**
>
> Ein Stoff mit einem LD_{50} oral Ratte $\leq$ 5 mg/kg, einem LD_{50} dermal Kaninchen von 100 mg/kg und einem LC_{50} inhalativ Ratte $\leq$ 0,5 mg/4 h ist in die Gefahrenkategorien Acute Tox. 1 (oral, H300), Acute Tox. 2 (dermal, H310) und Acute Tox. 1 (inhalativ, H330) einzustufen. Die entsprechenden H-Sätze werden den drei Differenzierungen zugeordnet.

Weitere Hinweise zur Ableitung des ATE

Für die Gefahrenklasse Akute Toxizität gibt es keine allgemeinen Konzentrationsgrenzwerte, wie sie in Kapitel 2.5.4 beschrieben sind. Einstufungskriterium ist, wie oben dargelegt, allein der Schätzwert Akuter Toxizität (ATE). Folglich werden auch für einzelne Stoffe keine spezifischen Konzentrationsgrenzwerte festgelegt.

Das Verfahren zur Toxizitätseinstufung von Gemischen nach der Zubereitungsrichtlinie (RL 1999/45/EG) sah dagegen Konzentrationsgrenzwerte für giftige oder sehr giftige Stoffe vor. Spezifische Konzentrationsgrenzwerte waren daher in der Liste der legal eingestuften Stoffe nach Anhang I der Stoffrichtlinie (RL 67/548/EWG) enthalten. An ihre Stelle tritt bei der harmonisierten Einstufung nach CLP Anhang VI Tabelle 3 ein „*".

Das Zeichen „*" in der Spalte „Spezifische Konzentrationsgrenzen, M-Faktoren und ATE" zeigt also an, dass für den betreffenden Stoff im Hinblick auf die akute Toxizität spezifische Konzentrationsgrenzwerte gemäß RL 67/548/EWG existierten, die aber nicht in Konzentrationsgrenzwerte nach CLP umgewandelt werden konnten. Damit weist es darauf hin, dass für den betreffenden Stoff Daten vorhanden sein müssen, die der Legaleinstufung nach dem alten System zugrunde lagen. Diese Daten sollten für die Ableitung eines ATE-Wertes herangezogen werden.

3.1.2 Einstufung von Gemischen als akut toxisch

Die vorstehenden Ausführungen gelten für Stoffe und Gemische gleichermaßen. Während jedoch Daten für den Stoff selbst generiert werden müssen (in vielen Fällen im Rahmen von REACH), schreibt die CLP-Verordnung nicht vor, dass für ein Gemisch neue Toxizitätsdaten bestimmt werden müssen.

---

[11] OECD Guideline for the testing of chemicals, Guideline 403

Gesundheitsgefahren 3

Bei Gemischen müssen daher Informationen gewonnen oder abgeleitet werden, die es ermöglichen, die Einstufungskriterien auf das Gemisch anzuwenden. Die Einstufung nach der akuten Toxizität erfolgt in einem mehrstufigen Verfahren und hängt davon ab, wie umfangreich die verfügbaren Informationen zu dem Gemisch selbst und zu seinen Bestandteilen sind. Übersicht 3.1.3 zeigt die einzelnen Schritte des Verfahrens.

Wurde das Gemisch geprüft, haben die Daten für das Gemisch selbst Vorrang. Stehen sie nicht zur Verfügung, ist zunächst zu prüfen, ob die Übertragungsgrundsätze (s. Kap. 2.5.3) angewendet werden können. Ist das nicht möglich, sind die Informationen, die für die einzelnen Bestandteile vorliegen, heranzuziehen. Die Berechnung der ATE für das Gemisch erfolgt mit Hilfe der Additivitätsformel (s. u.).

Falls es stichhaltige Belege für eine akute Toxizität auf mehreren Expositionswegen (oral, dermal, inhalativ) gibt, ist die Einstufung für alle relevanten Expositionswege durchzuführen.

Übersicht 3.1.3: Mehrstufiges Verfahren zur Einstufung von Gemischen bzgl. ihrer akuten Toxizität

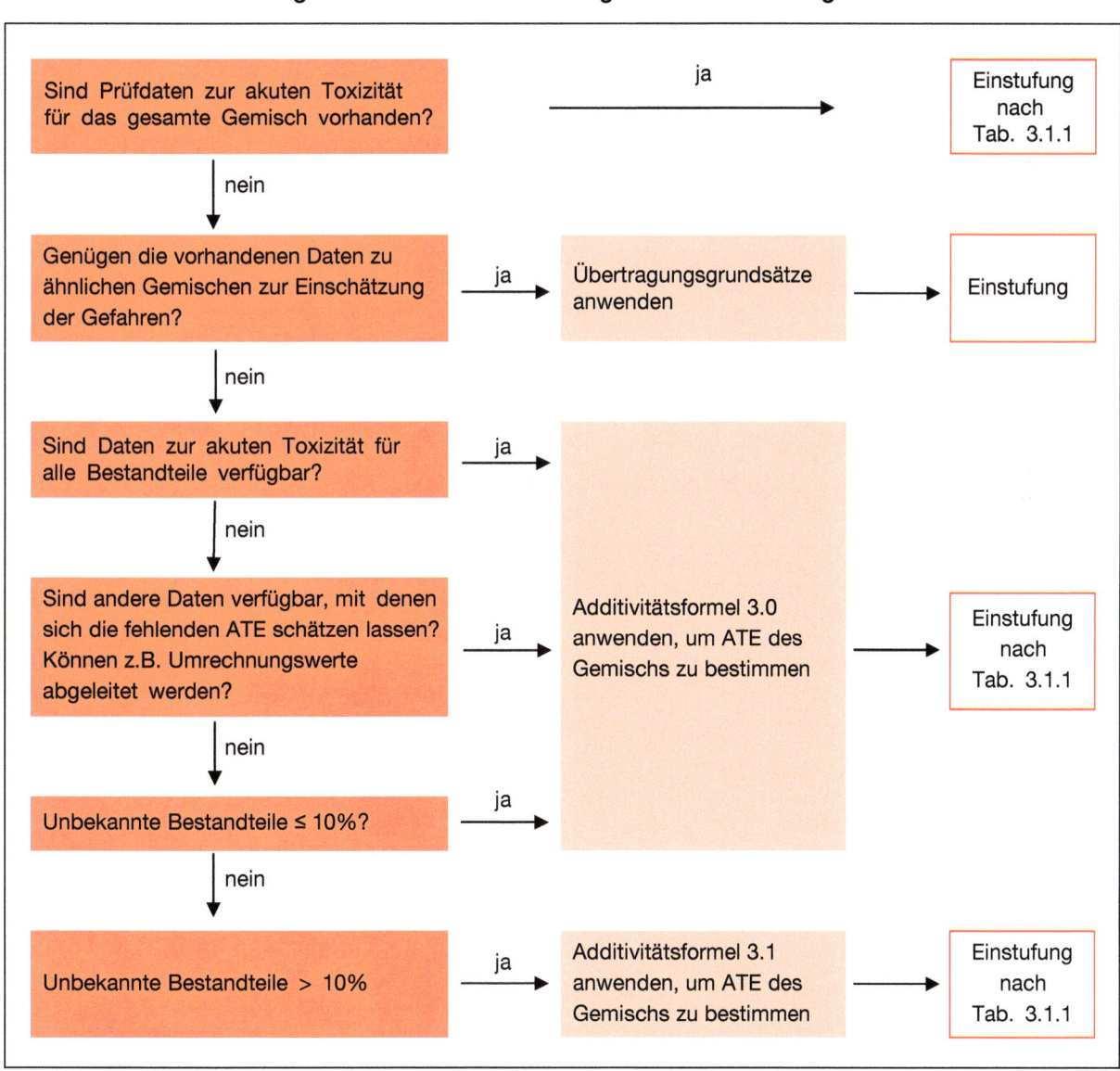

3 Gesundheitsgefahren

3.1.3 Berechnung der akuten Toxizität (Additivitätsformel)

Die Einstufung eines Gemischs auf der Basis seiner Bestandteile erfolgt mit Hilfe der Additivitätsformel. Je nachdem, ob Informationen zu allen oder nur zu einigen Bestandteilen vorhanden sind, sind zwei unterschiedliche Formeln zu verwenden, wobei in der zweiten Variante ein Korrekturfaktor für die unbekannten Bestandteile eingeführt wurde, um die größere Ungewissheit bzgl. der wahren Toxizität zu berücksichtigen.

Die nach den Schritten 1 bis 3 (s. Kap. 3.1.1) ermittelten Schätzwerte Akuter Toxizität jedes einzelnen Bestandteils werden – jeweils getrennt für die orale, dermale und inhalative Toxizität – in eine der Formeln 3.0 bzw. 3.1 eingesetzt.

Das Ergebnis der Berechnung ist ein Schätzwert Akuter Toxizität für das Gemisch als solches. Mit Hilfe dieses berechneten ATE wird aus der Tabelle 3.1.1 auf S. 30 die Gefahrenkategorie abgelesen, in die das Gemisch einzustufen ist. Das folgende Schema illustriert die Vorgehensweise:

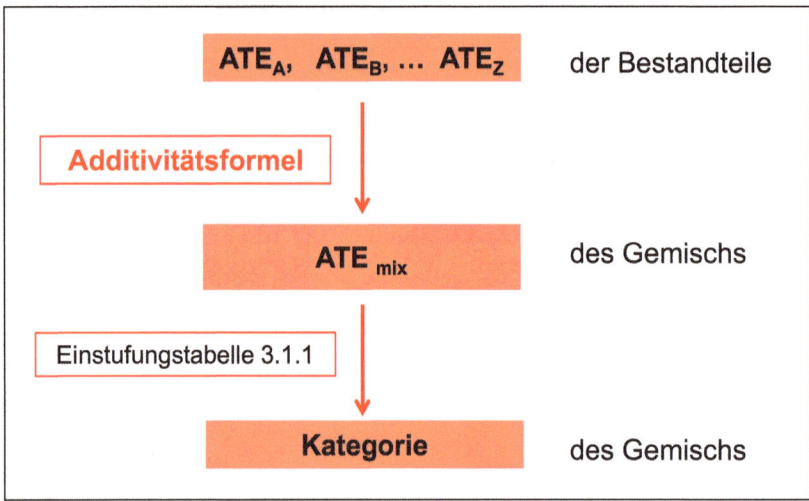

Berücksichtigt werden bei der Berechnung nur die *relevanten* Bestandteile eines Gemischs, also

- die Bestandteile, deren ATE unterhalb der Einstufungsgrenze zu Kategorie 4 liegen (→ die als akut toxisch einzustufen sind), sofern deren Konzentrationen die Berücksichtigungsgrenzen für die akute Toxizität nach Tabelle 2.10 ($\geq$ 0,1 % für die Kategorien 1 bis 3 bzw. $\geq$ 1 % für Kategorie 4) überschreiten,

- Bestandteile unbekannter Toxizität in einer Konzentration $\geq$ 1 %.

Unberücksichtigt bleiben somit:

- nicht toxische Bestandteile,

- alle Bestandteile, die als akut toxisch in die Kategorien 1 bis 3 eingestuft sind, in einer Konzentration $<$ 0,1 %,

- alle Bestandteile, die als akut toxisch in die Kategorie 4 eingestuft sind, in einer Konzentration $<$ 1 % und

- Bestandteile unbekannter Toxizität in einer Konzentration $<$ 1 %.

Gesundheitsgefahren 3

Für alle Bestandteile sind Daten verfügbar

Für ein Gemisch, in dem nur „Bestandteile mit bekannter akuter Toxizität" vorliegen, gilt die nachstehende Formel:

Formel 3.0: $\dfrac{100}{ATE_{mix}} = \sum_n \dfrac{C_i}{ATE_i}$

mit C_i = Konzentration von Bestandteil i

i = der einzelne Bestandteil von 1 bis n

n = Anzahl der Bestandteile

ATE_i = Schätzwert akuter Toxizität von Bestandteil i

ATE_{mix} = berechneter Schätzwert akuter Toxizität des Gemischs

Als „Bestandteile mit bekannter akuter Toxizität" gelten:

- Bestandteile, deren ATE-Wert bekannt ist oder als Umrechnungswert aus der Einstufung abgeleitet werden kann
- Bestandteile, bei denen davon ausgegangen werden kann, dass sie nicht akut toxisch sind (z. B. Wasser, Zucker)
- Bestandteile, für die ein Limit-Dose-Test an der oberen Einstufungsgrenze der Kategorie 4 (s. Tab. 3.1.1 auf S. 30) keine akute Toxizität zeigt

Die Formel 3.0 ist auch dann anzuwenden, wenn ein Gemisch Bestandteile unbekannter Toxizität in einer Konzentration von insgesamt weniger als 10 % enthält.

Wenn die LD_{50}/LC_{50}-Werte der Bestandteile eines Gemischs bekannt sind, müssen sie in die Formel 3.0 als ATE_i eingesetzt werden.

Beispiel 3.1.5:

Ein Gemisch enthält zwei akut toxische Bestandteile, deren LD_{50}-Werte bei oraler Aufnahme bekannt sind:

Bestandteil	Konzentration	LD_{50} [mg/kg]	Einstufung
Bestandteil A	40 %	400	Acute Tox. 4
Bestandteil B	12 %	30	Acute Tox. 2

Die LD_{50}-Werte sind als ATE_i in die Formel 3.0 einzusetzen:

$\dfrac{100}{ATE_{mix}} = \dfrac{40}{400} + \dfrac{12}{30}$ → $ATE_{mix} = 100/(0{,}1+0{,}4) = 200$

→ Der berechnete ATE für das Gemisch liegt im Bereich 50 < ATE ≤ 300 (s. Tabelle 3.1.1); das Gemisch wird als akut toxisch in die Kategorie 3 eingestuft und mit dem H301 gekennzeichnet.

LD_{50}/LC_{50}-Werte liegen jedoch für viele Stoffe nicht für alle Expositionswege vor. In der CLP-Verordnung sind zwei Wege vorgesehen, ATE-Werte aus anderen Informationen abzuleiten:

- Wenn für einen Bestandteil die Gefahrenkategorie oder der im Versuch ermittelte Toxizitätsbereich bekannt ist, lässt sich der Umrechnungswert nach Tabelle 3.1.2 auf S. 30 bestimmen und als ATE_i verwenden.

3 Gesundheitsgefahren

Beispiel 3.1.6:

Ein Gemisch enthält zwei akut toxische Bestandteile, deren LD_{50}-Werte bei oraler Aufnahme unbekannt sind, die aber in die Kategorien akut toxisch 2 und 4 (oral) eingestuft sind. Aus der Tabelle 3.1.2 lassen sich die Umrechnungswerte der akuten Toxizität ablesen:

Bestandteil	Konzentration	LD_{50} [mg/kg]	Einstufung	Umrechnungswert der akuten Toxizität
Bestandteil A	40 %	?	Acute Tox. 4	500
Bestandteil B	12 %	?	Acute Tox. 2	5

Die Umrechnungswerte sind als ATE_i in die Formel 3.0 einzusetzen:

$$\frac{100}{ATE_{mix}} = \frac{40}{500} + \frac{12}{5} \rightarrow ATE_{mix} = 100/(0{,}08+2{,}4) = 40{,}32$$

→ Der berechnete ATE für das Gemisch liegt im Bereich $5 < ATE \leq 50$ (s. Tabelle 3.1.1); das Gemisch wird als akut toxisch in die Kategorie 2 (oral) eingestuft.

Ausnahme: In einem speziellen Fall führt die Anwendung der Additivitätsformel nicht zu einem korrekten Ergebnis. Hier gilt: Wenn *alle* relevanten Bestandteile eines Gemischs in die gleiche Gefahrenkategorie hinsichtlich einer Differenzierung der akuten Toxizität eingestuft sind (oder, was damit gleichbedeutend ist, die im Versuch ermittelten Bereiche der akuten Toxizität alle in dem gleichen Bereich liegen), dann ist auch das Gemisch in diese Kategorie einzustufen, wie das nachstehende Beispiel 3.1.7 zeigt.

Beispiel 3.1.7:

Ein Gemisch besteht zu je 50 % aus zwei Stoffen, die beide der Kategorie 2 (oral) zugeordnet sind. Nach der obigen Ausnahmeregelung ist dann auch das Gemisch in die Kategorie 2 (oral) einzustufen. Berechnet man die Einstufung des Gemischs nach der Formel 3.0, ergibt sich mit einem Umrechnungswert von 5 (= ATE_i) und einer Konzentration $c_i = 50\,\%$ für jeden Stoff ein ATE-Wert des Gemischs von 5:

$$\frac{100}{ATE_{mix}} = \frac{50}{5} + \frac{50}{5} \rightarrow ATE_{mix} = 5$$

Dies würde einer Einstufung in die Kategorie 1 entsprechen. Da diese Einstufung offensichtlich zu streng ist, umgeht man das Problem mit der oben zitierten Ausnahmeregelung.

- In speziellen Fällen lassen sich ATE-Werte durch Expertenurteil ableiten. Das Vorgehen erfordert in der Regel umfangreiche ergänzende Informationen und einen gut ausgebildeten Experten, um die akute Toxizität zuverlässig abzuschätzen (CLP Anh. I Abschn. 3.1.3.6.2.1 und „Guidance on the Application of CLP Criteria", Abschn. 3.1.3.3.4). Liegen solche Informationen *nicht* vor, ist nach dem folgenden Ansatz zu verfahren.

Nicht für alle Bestandteile sind Daten verfügbar

Beträgt die Gesamtkonzentration der Bestandteile unbekannter Toxizität mehr als 10 %, ist die nachstehende Formel 3.1 zur Berechnung der Gemisch-ATE anzuwenden. Die Anpassung der Formel spiegelt die größere Unsicherheit hinsichtlich der wirklichen Toxizität des Gemischs wider und führt tendenziell zu einer strengeren Einstufung als die Formel 3.0.

Formel 3.1:
$$\frac{100 - (\Sigma\, C_{unbekannt},\ falls > 10\,\%)}{ATE_{mix}} = \sum_n \frac{C_i}{ATE_i}$$

Gesundheitsgefahren 3

mit C_i = Konzentration von Bestandteil i
  i = der einzelne Bestandteil von 1 bis n
  n = Anzahl der Bestandteile
  ATE_i = Schätzwert akuter Toxizität von Bestandteil i
  ATE_{mix} = berechneter Schätzwert akuter Toxizität des Gemischs

Zusätzlicher Hinweis auf dem Kennzeichnungsschild und im Sicherheitsdatenblatt:

Falls ein Gemisch einen Bestandteil, für den keinerlei verwertbare Informationen vorliegen, in einer Konzentration ≥ 1 % enthält, lässt sich dem Gemisch kein endgültiger Schätzwert Akuter Toxizität zuordnen. In diesem Fall muss das Gemisch ausschließlich anhand der bekannten Bestandteile eingestuft werden und es muss folgenden Hinweis auf dem Kennzeichnungsetikett tragen:

„x Prozent des Gemischs bestehen aus einem oder mehreren Bestandteilen unbekannter Toxizität".

Beispiel 3.1.8: Orale Toxizität eines Gemischs mit 5 Bestandteilen

Bestandteil	Daten	Konzentration		ATE_i
Bestandteil 1	LD_{50} oral Ratte: 125 mg/kg	4 %	$C_1 = 4$	$ATE_1 = 125$
Bestandteil 2	keine Daten vorhanden	92 %		
Bestandteil 3	LD_{50} oral Ratte: 1500 mg/kg	3 %	$C_3 = 3$	$ATE_3 = 1500$
Bestandteil 4	keine Daten vorhanden	0,9 %		kein relevanter Bestandteil
Bestandteil 5	LD_{50} oral Ratte: 10 mg/kg	0,2 %	$C_5 = 0,2$	$ATE_5 = 10$

Nach der Übersicht 3.1.3 auf S. 33 ist folgendermaßen vorzugehen:

1. Es sind keine Prüfdaten für das Gemisch selbst vorhanden. Folglich ist eine Einstufung aufgrund von Stoffkriterien nicht möglich.
2. Da es keine ähnlichen Gemische gibt, sind die Übertragungsgrundsätze nicht anwendbar.
3. Das Gemisch muss auf der Basis seiner Bestandteile eingestuft werden.
4. Feststellung der „relevanten Bestandteile":
Der Bestandteil 4 muss nicht berücksichtigt werden, da er in einer Konzentration unter 1 % nicht als „relevanter Bestandteil" angesehen wird.
Der Bestandteil 5 geht in die Rechnung ein, weil seine Konzentration zwar unterhalb des Grenzwertes von 1 % für die „relevanten Bestandteile", aber mit 0,2 % größer ist als der Berücksichtigungsgrenzwert für einen Kategorie 2-Stoff von 0,1 % (s. Tab. 2.10 auf S. 26).
5. Feststellung der Gesamtkonzentration der Bestandteile unbekannter Toxizität:
Da Bestandteil 4 nicht berücksichtigt wird, bleibt nur Bestandteil 2 als Bestandteil unbekannter Toxizität
→ $C_{unbekannt} = 92\ \%$
Da die Gesamtkonzentration der Bestandteile unbekannter Toxizität über 10 % liegt, ist die Formel 3.1 anzuwenden. Die LD_{50}-Werte können direkt als ATE-Werte eingesetzt werden:

$$\frac{100 - C_{unbekannt}}{ATE_{mix}} = \sum_n \frac{C_i}{ATE_i} \rightarrow \frac{100 - 92}{ATE_{mix}} = \frac{4}{125} + \frac{3}{1500} + \frac{0,2}{10} = 0,054$$

→ $ATE_{mix} = (100 - 92)/0,054 = 148,15$

6. Vergleich des berechneten ATE_{mix} von 148 mit den Kriterien in Tabelle 3.1.1 → Kategorie 3
Das Gemisch ist in die Gefahrenklasse Akute Toxizität, Kategorie 3 (oral) einzustufen.
7. Da es mehr als 1 % Bestandteile unbekannter Toxizität enthält, ist es zusätzlich mit dem Hinweis: „92 Prozent des Gemischs bestehen aus einem oder mehreren Bestandteilen unbekannter Toxizität" zu kennzeichnen.

3 Gesundheitsgefahren

Beispiel 3.1.9A: Inhalative Toxizität eines Aerosols

Gegeben ist ein Gemisch, das als Aerosol (Nebel) eingesetzt wird.

Bestandteil	Daten/Einstufung	Konz.	ATE_i
Bestandteil 1 (fest)	kein LC-Wert, aber in Kategorie 4 eingestuft	6 %	Umrechnungswert nach Tab. 3.1.2: UW = ATE_1 = 1,5
Bestandteil 2 (fest)	LC_{50} inh. Ratte: 0,6 mg/l/4 h (Staub)	11 %	$ATE_2 = LC_{50}$ = 0,6 mg/l/4h
Bestandteil 3 (fest)	LC_{50} inh. Ratte: 6 mg/l/4 h (Staub)	10 %	bleibt unberücksichtigt, da nach Tab. 3.1.1 keine Einstufung erforderlich
Bestandteil 4 (flüssig)	LC_{50} inh. Ratte: 11 mg/l/4 h (Dampf) → Kategorie 4	40 %	Umrechnungswert nach Tab. 3.1.2: UW = ATE_4 (Nebel) = 1,5
Bestandteil 5	-	33 %	Wasser, bleibt unberücksichtigt, da nicht toxisch

Nach dem Schema in Übersicht 3.1.3 auf S. 33 ist folgendermaßen vorzugehen:

1. Es sind keine Prüfdaten für das Gemisch selbst vorhanden. Folglich ist eine Einstufung aufgrund von Stoffkriterien nicht möglich.
2. Da es keine ähnlichen Gemische gibt, sind die Übertragungsgrundsätze nicht anwendbar.
3. Das Gemisch muss auf der Basis seiner Bestandteile eingestuft werden.
4. Da sich die Einstufung nur auf die Aerosolphase, also Nebel, bezieht, kann der LC_{50} für den Bestandteil 4 als Dampf nicht direkt als ATE_i in die Formel eingesetzt werden. Angenommen, das Expertenurteil lässt zu, dass der Wert extrapoliert wird: Der Wert für die Dampfphase entspricht nach Tabelle 3.1.1 einer Einstufung in die Kategorie 4; für diese wird mit Hilfe der Tabelle 3.1.2 für die Nebelphase ein Umrechnungswert von 1,5 bestimmt.
5. Da Informationen zu allen Bestandteilen vorliegen, kann die Formel 3.0 angewendet werden.

$$\frac{100}{ATE_{mix}} = \frac{6}{1,5} + \frac{11}{0,6} + \frac{40}{1,5} = 49 \quad \rightarrow ATE_{mix} = 2,04 \text{ mg/l/4 h (Nebel)} \rightarrow \text{Kategorie 4}$$

Das Gemisch wird hinsichtlich der Inhalationstoxizität in die Kategorie 4 eingestuft. Die Einstufung beruht ausschließlich auf der Berechnung der Aerosolphase, nicht der Dampfphase.

Beispiel 3.1.9B: Inhalative Toxizität in der Dampfphase

Gegeben ist ein Gemisch mit den gleichen Bestandteilen wie in Beispiel 3.1.9A. Doch wird hier nicht die Exposition gegenüber der Aerosolphase, sondern gegenüber der Dampfphase betrachtet.

Bestandteile	Daten/Einstufung	Konz.	ATE_i
Bestandteil 1 (fest)	kein LC-Wert, aber in Kategorie 4 eingestuft	6 %	Nicht sublimierbarer Feststoff, in der Dampfphase nicht vorhanden
Bestandteil 2 (fest)	LC_{50} inh. Ratte: 0,6 mg/l/4 h (Staub)	11 %	wie Bestandteil 1, bleibt unberücksichtigt
Bestandteil 3 (fest)	LC_{50} inh. Ratte: 6 mg/l/4 h (Staub)	10 %	bleibt unberücksichtigt, da nach Tab. 3.1.1 keine Einstufung erforderlich
Bestandteil 4 (flüssig)	LC_{50} inh. Ratte: 11 mg/l/4 h (Dampf) → Kategorie 4	40 %	$ATE_4 = LC_{50} = 11$
Bestandteil 5	-	33 %	Wasser, bleibt unberücksichtigt, da nicht toxisch

Gesundheitsgefahren 3

Inhalation kommt als Expositionsweg in Betracht, da mit Bestandteil 4 ein giftiger Stoff mit einem nicht zu vernachlässigenden Dampfdruck vorliegt. Auch hier scheiden die Einstufung aufgrund der nicht vorhandenen Daten für das Gemisch als Ganzes und die Übertragungsgrundsätze aus. Die Einstufung muss also auf den Bestandteilen beruhen. Da Informationen zu allen Stoffen vorhanden sind, wird die Formel 3.0 angewendet. Die Bestandteile 1, 2 und 3 bleiben unberücksichtigt, da sie nicht in die Dampfphase übergehen. Bestandteil 3 ist zudem ebenso wie Bestandteil 5 nicht toxisch.

$$\frac{100}{ATE_{mix}} = \frac{40}{11} = 3{,}64 \quad \rightarrow ATE_{mix} = 27{,}5 \rightarrow \text{keine Einstufung}$$

Der ATE_{mix} liegt oberhalb der höchsten Konzentrationsgrenze für die Dampfphase (s. Tab. 3.1.1). Eine Einstufung bzgl. der Inhalationstoxizität ist nicht erforderlich.

3.2 Ätzwirkung auf die Haut/Hautreizung

Als hautätzend werden Stoffe eingestuft, die nach einer bis zu vierstündigen Einwirkung im Tierversuch eine irreversible Hautschädigung erzeugen können. Reizende Stoffe erzeugen dagegen eine reversible Hautschädigung. Die genauen Bedingungen für die Einstufung von Stoffen sind der CLP-Verordnung Anhang I Abschnitt 3.2 zu entnehmen.

Die Kategorie 1, Ätzwirkung gliedert sich in die drei Unterkategorien 1A, 1B und 1C, bei denen unterschiedlich lange Einwirkungszeiten zu einer irreversiblen Hautschädigung führen. Wenn die Daten für die Einstufung in eine Unterkategorie nicht ausreichen, sind ätzende Stoffe in die Kategorie 1 einzustufen. Für die Hautreizung gibt es nur die Kategorie 2.

Die Einstufung erfolgt in der Regel aufgrund von (bereits existierenden) Tierversuchen, jedoch sind auch andere Informationen zu berücksichtigen und ggf. in einem mehrstufigen Verfahren zu bewerten. Die Informationen sind in ihrer Gesamtheit zu berücksichtigen; eine umfassende Ermittlung der Beweiskraft der Daten ist vorzunehmen. Ganz allgemein haben die Informationen die folgende Priorität:

- bestehende Erfahrungen beim Menschen,
- Ergebnisse aus Tierversuchen,
- sonstige Informationsquellen.

Andere als Human-Daten können z. B. aus In-vivo- und In-vitro-Tests oder aus (Q)SAR-Modellen gewonnen werden. Auch physikalisch-chemische Betrachtungen fließen in die Bewertung ein.

Bei zwei Stoffgruppen ist in der Regel immer von hautreizenden bzw. ätzenden Wirkungen auszugehen:

- Organische Peroxide: Stoffe mit oxidierenden Eigenschaften können bei Kontakt mit menschlichem Gewebe stark exotherme Reaktionen eingehen. Die dabei entstehenden hohen Temperaturen können das Gewebe schädigen oder zerstören. Aus diesem Grund werden organische Peroxide von vornherein als hautreizend (Kategorie 2) angesehen, solange nicht das Gegenteil nachgewiesen wird. Hydroperoxide werden im Allgemeinen als hautätzend der Kategorie 1B angesehen.

- Stoffe/Gemische mit extremen pH-Werten: Extreme pH-Werte von ≤ 2 und $\geq 11{,}5$ können ein Indiz für das Potenzial sein, Wirkungen an der Haut zu erzeugen, insbesondere wenn die Pufferkapazität bekannt ist, obwohl hier keine sichere Korrelation besteht. In der Regel geht man bei Stoffen mit extremen pH-Werten davon aus, dass sie ausgeprägte Wirkungen auf die Haut haben. Wird der Stoff aufgrund der sauren/alkalischen Reserve[12] trotz des niedrigen oder hohen

---

[12] Die Bestimmung erfolgt nach der Methode von Young et al., siehe TRGS 201, Ausgabe Februar 2017, geändert und ergänzt Januar 2018

3 Gesundheitsgefahren

pH-Werts für nicht ätzend gehalten, so ist dies durch weitere Prüfungen zu bestätigen, vorzugsweise durch eine geeignete validierte In-vitro-Prüfung.

Einstufung von Gemischen

Für die Einstufung von Gemischen wird ein stufenweises Vorgehen empfohlen, abhängig von der Art und der Menge der zur Verfügung stehenden Informationen (s. Übersicht 3.2.1).

Liegen valide Prüfdaten für das komplette Gemisch vor, haben diese Vorrang. Die Einstufung des Gemischs erfolgt dann nach denselben Kriterien wie bei Stoffen. Diese Kriterien sind hier nicht im Einzelnen aufgeführt (mehr dazu s. CLP Anh. I Nr. 3.2.2 und „Guidance on the Application of CLP Criteria", Abschn. 3.2.3.2.1).

Übersicht 3.2.1: Vorgehen bei der Einstufung von Gemischen bzgl. ihrer hautätzenden/-reizenden Wirkung

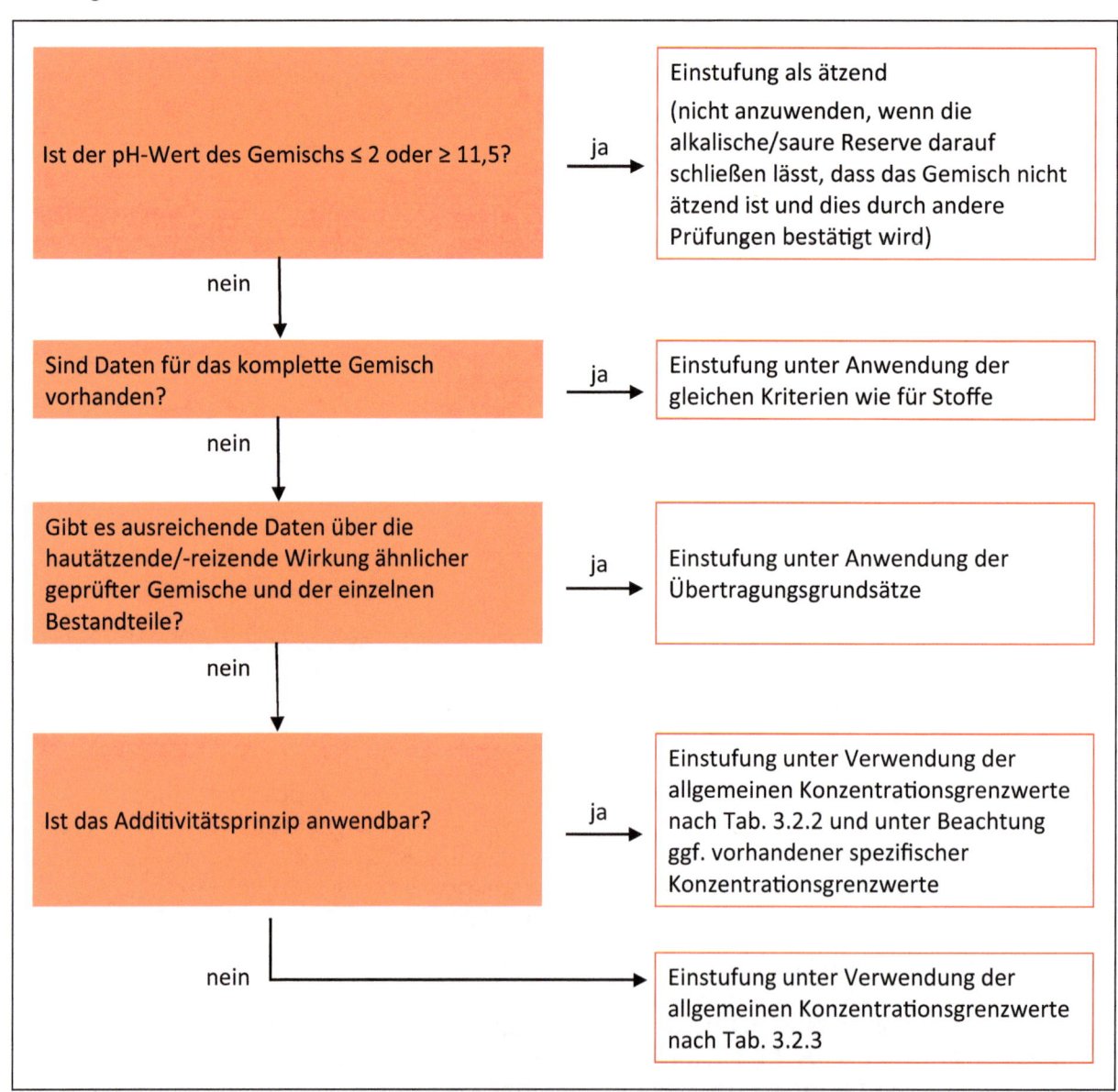

Ist der pH-Wert des Gemischs ≤ 2 oder ≥ 11,5?	ja →	Einstufung als ätzend (nicht anzuwenden, wenn die alkalische/saure Reserve darauf schließen lässt, dass das Gemisch nicht ätzend ist und dies durch andere Prüfungen bestätigt wird)
↓ nein		
Sind Daten für das komplette Gemisch vorhanden?	ja →	Einstufung unter Anwendung der gleichen Kriterien wie für Stoffe
↓ nein		
Gibt es ausreichende Daten über die hautätzende/-reizende Wirkung ähnlicher geprüfter Gemische und der einzelnen Bestandteile?	ja →	Einstufung unter Anwendung der Übertragungsgrundsätze
↓ nein		
Ist das Additivitätsprinzip anwendbar?	ja →	Einstufung unter Verwendung der allgemeinen Konzentrationsgrenzwerte nach Tab. 3.2.2 und unter Beachtung ggf. vorhandener spezifischer Konzentrationsgrenzwerte
nein	→	Einstufung unter Verwendung der allgemeinen Konzentrationsgrenzwerte nach Tab. 3.2.3

Gesundheitsgefahren 3

Wurde das Gemisch selbst nicht auf seine Ätz-/Reizwirkung untersucht, liegen jedoch ausreichende Daten über seine einzelnen Bestandteile und über ähnliche geprüfte Gemische vor, um die Gefahren des Gemischs angemessen zu beschreiben, dann sind diese Daten nach Maßgabe der Übertragungsvorschriften (s. Kap. 2.5.3) zu verwenden.

Sind die Übertragungsgrundsätze nicht anwendbar, muss das Gemisch auf der Grundlage der Daten für die einzelnen Bestandteile eingestuft werden. Die Einstufung basiert auf der Anwendung von **Konzentrationsgrenzwerten** und folgt in der Regel dem **Additivitätsprinzip**.

Additivitätsprinzip

Generell beruht die Vorgehensweise bei der Einstufung von Gemischen, wenn Daten über die Bestandteile, nicht aber über das Gemisch insgesamt vorliegen, auf dem Additivitätsprinzip: Jeder hautreizende oder -ätzende Bestandteil trägt proportional zu seiner Stärke und Konzentration zu den hautreizenden oder -ätzenden Gesamteigenschaften des Gemischs bei.

Das Gemisch wird als hautätzend oder -reizend eingestuft, wenn die Summe der Konzentrationen solcher Bestandteile einen bestimmten Konzentrationsgrenzwert überschreitet. Die allgemeinen Konzentrationsgrenzwerte sind in der Tabelle 3.2.2 festgelegt. Falls vorhanden, sind spezifische Konzentrationsgrenzwerte zu beachten.

Tabelle 3.2.2: **Allgemeine Konzentrationsgrenzwerte für die Gefahrenklasse „Ätzwirkung auf die Haut/Hautreizung" – Additivitätsprinzip anwendbar**

Summe der Bestandteile, die eingestuft sind als:	Konzentration, die zu folgender Einstufung des Gemischs führt	
	Skin Corr. 1[1] H314	Skin Irrit. 2 H315
Skin Corr. 1A, 1B, 1C oder 1, H314	≥ 5 %	≥ 1 %, aber < 5 %
Skin Irrit. 2, H315		≥ 10 %
(10 × Skin Corr. 1A, 1B, 1C oder 1, H314) + (Skin Irrit. 2, H315)		≥ 10 %

[1] Hinweis zur Einstufung hautätzender Bestandteile in die Unterkategorien 1A, 1 B oder 1C: Die Summe aller Bestandteile eines Gemischs, die jeweils als hautätzend der Unterkategorie 1A, 1B oder 1C eingestuft sind, muss ≥ 5 % sein, damit auch das Gemisch als hautätzend der Unterkategorie 1A, 1B oder 1C einzustufen ist. Ist die Summe der hautätzenden Bestandteile der Unterkategorie 1A < 5 %, die Summe der Bestandteile der Unterkategorien 1A + 1B jedoch ≥ 5 %, so ist das Gemisch als hautätzend der Unterkategorie 1B einzustufen. Analog dazu gilt: Ist die Summe der hautätzenden Bestandteile der Unterkategorien 1A + 1B < 5 %, die Summe der Bestandteile der Unterkategorien 1A + 1B + 1C jedoch ≥ 5 %, so ist das Gemisch als hautätzend der Unterkategorie 1C einzustufen. Ist mindestens ein relevanter Bestandteil eines Gemischs in Kategorie 1 (nicht jedoch in eine Unterkategorie) eingestuft, ist das Gemisch in Kategorie 1 einzustufen, wenn die Summe aller ätzenden Bestandteile für die Haut ≥ 5 % beträgt.

Sind in einem Gemisch hautätzende und hautreizende Bestandteile gleichzeitig zu berücksichtigen, dann wird auf einen hautätzenden Bestandteil, der in einer so geringen Konzentration vorliegt, dass er nicht zur Einstufung des Gemischs als hautätzend führt, der aber zur Einstufung als hautreizend beiträgt, ein Gewichtungsfaktor von 10 angewandt, um seinen verglichen mit den hautreizenden Bestandteilen stärkeren Beitrag zur Einstufung zu berücksichtigen.

Zu berücksichtigen sind nur die „relevanten Bestandteile" eines Gemischs, sofern kein Anlass zu der Annahme besteht, dass ein in einer geringeren Konzentration enthaltener Bestandteil dennoch für die Einstufung hinsichtlich der hautätzenden/-reizenden Wirkung relevant ist:

Relevante Bestandteile =	hautätzende und hautreizende Bestandteile, deren Konzentration den allgemeinen Konzentrationsgrenzwert von 1 % oder ggf. einen niedrigeren spezifischen Konzentrationsgrenzwert erreicht oder übersteigt.

3 Gesundheitsgefahren

Beispiel 3.2.1

Ein Gemisch enthält zwei Bestandteile: Stoff A mit 7 % ist als hautreizend (Kategorie 2) eingestuft. Stoff B mit 0,5 % wird auch unterhalb des allgemeinen Berücksichtigungsgrenzwertes (s. Tab. 2.10) als hautätzend angesehen:

Bestandteil	Konzentration	Einstufung	Gewichtung	
Stoff A	7 %	Skin Irrit. 2	x 1	7
Stoff B	0,5 %	Skin Corr. 1	x 10	5
Summe aller gefährlichen Bestandteile (A + 10 x B)				12

→ Die Summe ist größer als der Konzentrationsgrenzwert von 10 % für die hautreizende Wirkung. Das Gemisch ist als hautreizend (Kategorie 2) einzustufen.

Berücksichtigung von spezifischen Konzentrationsgrenzwerten bei der Anwendung des Additivitätsprinzips

Wurden im Rahmen der harmonisierten Einstufung nach CLP Anhang VI Tabelle 3 oder vom Hersteller spezifische Konzentrationsgrenzwerte festgesetzt, haben diese Vorrang vor den allgemeinen Konzentrationsgrenzwerten der Tabelle 3.2.2 und müssen bei der Anwendung des Additivitätsprinzips berücksichtigt werden.

Enthält ein Gemisch zwei oder mehr Bestandteile A, B, ..., Z, die alle oder zum Teil spezifische Konzentrationsgrenzwerte haben, muss die folgende Formel angewendet werden:

Formel 3.2: $\dfrac{\text{Konz. A}}{\text{Konz.gr. A}} + \dfrac{\text{Konz. B}}{\text{Konz.gr. B}} + \ldots + \dfrac{\text{Konz. Z}}{\text{Konz.gr. Z}} \geq 1$

mit Konz. = Konzentration des Bestandteils A, B, ..., Z im Gemisch
Konz.gr. = Konzentrationsgrenzwert (allgemeiner oder spezifischer) für den Bestandteil A, B, ..., Z

Die Formel ist

- auf alle hautätzenden Bestandteile bei der Prüfung auf die hautätzende Wirkung,
- auf alle hautätzenden und hautreizenden Bestandteile bei der Prüfung auf die hautreizende Wirkung

anzuwenden (s. die Beispiele 3.2.3 und 3.2.4 auf S. 44 bzw. 45).

Fälle, in denen das Additivitätsprinzip nicht anwendbar ist

Das Additivitätsprinzip ist jedoch nicht immer anwendbar. Vorsicht ist vor allem in den folgenden Fällen geboten:

- Gemische, die Säuren, Basen, anorganische Salze, Aldehyde, Phenole und Tenside enthalten; die Stoffe wirken u. U. bereits in Konzentrationen von < 1 % hautätzend oder -reizend.
- Gemische, die starke Säuren oder Basen enthalten; hier ist der pH-Wert als Einstufungskriterium zu verwenden.
- Gemische mit hautreizenden oder -ätzenden Bestandteilen, deren chemische Eigenschaften die Anwendung des Additivitätsprinzips nicht zulassen.

Ist das Additivitätsprinzip nicht anwendbar, dann sind die Konzentrationsgrenzwerte der Tabelle 3.2.3 für die Einstufung heranzuziehen (s. Beispiel 3.2.5 auf S. 45).

Gesundheitsgefahren 3

Tabelle 3.2.3: Allgemeine Konzentrationsgrenzwerte für die Gefahrenklasse „Ätzwirkung auf die Haut/Hautreizung" – Additivitätsprinzip *nicht* anwendbar

Bestandteil	Konzentration, die zu folgender Einstufung des Gemischs führt	
	Skin Corr. 1 H314	Skin Irrit. 2 H315
sauer mit pH-Wert ≤ 2	≥ 1 %	
basisch mit pH-Wert ≥ 11,5	≥ 1 %	
anderer hautätzender Bestandteil (Skin Corr. 1A, 1B, 1C oder 1, H314), auf den das Additivitätsprinzip *nicht* anwendbar ist	≥ 1 %	
anderer hautreizender Bestandteil (Skin Irrit. 2, H315), einschließlich Säuren und Basen		≥ 3 %

Das Additivitätsprinzip ist auch nicht anzuwenden bei

- Gemischen mit Bestandteilen, für die zuverlässige Daten zeigen, dass sie auch bei Erreichen oder Überschreiten der allgemeinen Konzentrationsgrenzwerte der Tabellen 3.2.2 und 3.2.3 keine Ätz-/Reizwirkung auf die Haut ausüben,

- Gemischen mit Bestandteilen, für die Daten zeigen, dass sie bei einer Konzentration von < 1 % hautätzend oder von < 3 % hautreizend wirken.

Diese Gemische sind anhand der vorhandenen Daten einzustufen.

Beispiel 3.2.2: Anwendung des Additivitätsprinzips auf ein Gemisch mit Bestandteilen ohne spezifische Konzentrationsgrenzwerte

Bestandteil	Konz. (Gew.%)	Einstufung	Spezif. Konzentrationsgrenzwert
Oberflächenaktiver Stoff A	1,8	Skin Irrit. 2, H315	–
Stoff B	0,5	nicht eingestuft	
Stoff C	5,4	Skin Irrit. 2, H315	–
Stoff D	4	nicht eingestuft	
Säure	2	Skin Corr. 1A, H314	–
Wasser	86,3	nicht eingestuft	

1. pH-Wert des Gemischs: 9,0-10,0 → Es müssen keine extremen pH-Werte in Betracht gezogen werden.

2. Ist das Additivitätsprinzip anwendbar? Das Gemisch enthält einen oberflächenaktiven Stoff A und eine Säure. Für keinen von beiden ist ein spezifischer Konzentrationsgrenzwert festgelegt. Daher lässt sich annehmen, dass sie in Konzentrationen unter 1 % nicht ätzend wirken. → Das Additivitätsprinzip ist anwendbar.

3. Relevante Bestandteile: Relevant sind nur die Bestandteile A, C und die Säure. Die Bestandteile B, D und Wasser bleiben unberücksichtigt, da sie nicht als hautreizend/-ätzend eingestuft sind.

4. Für die Entscheidung, ob das Gemisch als hautätzend (Kategorie 1) einzustufen ist, muss nur die Säure betrachtet werden; sie ist der einzige Bestandteil, der in Kategorie 1 eingestuft ist. Da ihre Konzentration unterhalb des allgemeinen Konzentrationsgrenzwertes von 5 % liegt, ist das Gemisch nicht in Kategorie 1

3 Gesundheitsgefahren

einzustufen. Da ihre Konzentration aber größer als der allgemeine Konzentrationsgrenzwert für die Gefahrenklasse hautreizend (Kategorie 2) ist, muss das Gemisch entsprechend als hautreizend (Kategorie 2) eingestuft werden.

5. Eine Betrachtung der hautreizenden Bestandteile erübrigt sich, da die Reizwirkung schon nach Punkt 4 festgestellt wurde.

Beispiel 3.2.3: Anwendung des Additivitätsprinzips auf ein Gemisch mit Bestandteilen, denen ein spezifischer Konzentrationsgrenzwert zugeordnet ist

Bestandteil	Konz. (Gew.%)	Einstufung	Spezif. Konzentrationsgrenzwert
Oberflächenaktiver Stoff A	3,8	Skin Irrit. 2, H315	–
Stoff B	0,5	nicht eingestuft	
Base C	5,4	Skin Corr. 1B, H314	C ≥ 10 %: Skin Corr. 1B 5 % ≤ C < 10 %: Skin Irrit. 2
Stoff D	4	nicht eingestuft	
Stoff E	2	Skin Corr. 1B, H314	–
Wasser	84,3	nicht eingestuft	

1. pH-Wert des Gemischs: 10,5-11,0 → Es müssen keine extremen pH-Werte in Betracht gezogen werden.

2. Ist das Additivitätsprinzip anwendbar? Das Gemisch enthält einen oberflächenaktiven Stoff A und eine Base C. Unter der Annahme, dass beide in Konzentrationen unter 1 % nicht ätzend wirken (das geht aus dem fehlenden spezifischen Konzentrationsgrenzwert für A und dem über 1 % liegenden Konzentrationsgrenzwert für C hervor), ist das Additivitätsprinzip anwendbar.

3. Relevante Bestandteile: Relevant sind nur die Bestandteile A, C und E. Die Bestandteile B, D und Wasser bleiben unberücksichtigt, da sie nicht als hautreizend/-ätzend eingestuft sind.

4. Zur Prüfung auf hautätzende Wirkung muss die Formel 3.2. angewendet werden, da einer der als hautätzend (Kategorie 1) eingestuften Stoffe einen spezifischen Konzentrationsgrenzwert hat. Es müssen nur die hautätzenden Stoffe (Kategorie 1) berücksichtigt werden. Für C wird der spezifische Konzentrationsgrenzwert eingesetzt, für E der allgemeine Konzentrationsgrenzwert für die Ätzwirkung aus der Tabelle 3.2.2:

$$\frac{\text{Konz. C}}{\text{Spez. Konz.gr. C (1)}} + \frac{\text{Konz. E}}{\text{Allg. Konz.gr. E (1)}} = \frac{5,4}{10} + \frac{2}{5} = 0,94 \quad < 1$$

→ Gemisch ist nicht als hautätzend (Kategorie 1) einzustufen.

5. Zur Prüfung auf hautreizende Wirkung ist zusätzlich der Bestandteil A mit dem allgemeinen Konzentrationsgrenzwert für die Reizwirkung in die Formel 3.2 einzusetzen. Es sind die Konzentrationsgrenzwerte für die hautreizende Wirkung zu verwenden:

$$\frac{\text{Konz. A}}{\text{Allg. Konz.gr. A (2)}} + \frac{\text{Konz. C}}{\text{Spez. Konz.gr. C (2)}} + \frac{\text{Konz. E}}{\text{Allg. Konz.gr. E (2)}} = \frac{3,8}{10} + \frac{5,4}{5} + \frac{2}{1} = 3,46 \quad > 1$$

→ Das Gemisch ist als hautreizend (Kategorie 2) einzustufen.

Gesundheitsgefahren 3

Beispiel 3.2.4: Anwendung des Additivitätsprinzips auf ein nicht als hautreizend/ätzend einzustufendes Gemisch

Bestandteil	Konz. (Gew.%)	Einstufung	Spezif. Konzentrationsgrenzwert
Oberflächenaktiver Stoff A	0,4	Skin Irrit. 2, H315	–
Stoff B	3,0	Skin Irrit. 2, H315	–
Stoff C	0,7	Skin Irrit. 2, H315	–
Stoff D	2	nicht eingestuft	
Stoff E	3,0	Skin Corr. 1A, H314	C ≥ 70 %: Skin Corr. 1A 50 % ≤ C < 70 %: Skin Corr. 1B 35 % ≤ C < 50 %: Skin Irrit. 2
Wasser	90,9	nicht eingestuft	

1. pH-Wert des Gemischs: 2,5-3,0 → Es müssen keine extremen pH-Werte in Betracht gezogen werden.

2. Ist das Additivitätsprinzip anwendbar? Das Gemisch enthält einen oberflächenaktiven Stoff A. Unter der Annahme, dass er in Konzentrationen unter 1 % nicht ätzend wirkt (das geht aus dem fehlenden spezifischen Konzentrationsgrenzwert hervor), ist das Additivitätsprinzip anwendbar.

3. Relevante Bestandteile: Relevant sind nur die Bestandteile B und E. Die Bestandteile D und Wasser bleiben unberücksichtigt, da sie nicht als hautreizend/-ätzend eingestuft sind. Die Bestandteile A und C werden ebenfalls nicht berücksichtigt, da ihre Konzentration jeweils unter 1 % liegt.

4. Prüfung auf hautätzende Wirkung: Es ist nur der Stoff E zu betrachten. Seine Konzentration liegt mit 3 % unterhalb der spezifischen Konzentrationsgrenze von 50 % für die hautätzende Wirkung. → Das Gemisch ist nicht als hautätzend einzustufen.

5. Prüfung auf hautreizende Wirkung: Da ein Bestandteil mit spezifischen Konzentrationsgrenzen vorliegt, ist die Formel 3.2 zu verwenden. Zu berücksichtigen sind Stoff B mit dem allgemeinen Konzentrationsgrenzwert und Stoff E mit dem spezifischen Konzentrationsgrenzwert:

$$\frac{\text{Konz. B}}{\text{Allg. Konz.gr. B}} + \frac{\text{Konz. E}}{\text{Spez. Konz.gr. E}} = \frac{3,0}{10} + \frac{3,0}{35} = 0,39 \quad < 1$$

→ Das Gemisch ist nicht als hautreizend einzustufen.

Beispiel 3.2.5: Gemisch ohne extreme pH-Werte, für das das Additivitätsprinzip nicht anwendbar ist

Bestandteil	Konz. (Gew.%)	Einstufung	Information
Stoff A	4	Skin Corr. 1A, H314	pH = 1,8
Stoff B	5	Skin Irr. 2, H315	–
Stoff C	5	Skin Irr. 2, H315	–
Stoff D	85	–	keine Daten vorhanden

1. pH-Wert des Gemischs: 4,0 → Es müssen keine extremen pH-Werte in Betracht gezogen werden.

2. Ist das Additivitätsprinzip anwendbar? Bestandteil A hat einen pH-Wert von 1,8 und ist damit ein Bestandteil, der die Anwendung des Additivitätsprinzips in Frage stellt. Um dies zu beurteilen, wären genaue

3 Gesundheitsgefahren

Kenntnisse des Stoffs erforderlich, die hier aber nicht vorliegen. Man entscheidet sich daher für den konservativen Ansatz und verzichtet auf die Anwendung des Additivitätsprinzips. Zur Einstufung des Gemischs werden die Konzentrationsgrenzwerte der Tabelle 3.2.3 herangezogen.

3. Das Gemisch enthält mit Bestandteil A einen sauren Stoff mit einem pH-Wert ≤ 2. Da er in einer Konzentration $\geq 1\,\%$ vorliegt, ist das Gemisch als hautätzend in die Kategorie 1A einzustufen.

3.3 Schwere Augenschädigung/Augenreizung

Diese Gefahrenklasse umfasst zwei Kategorien: Kategorie 1 für schwere Augenschädigung und Kategorie 2 für Augenreizung. Eine schwere Augenschädigung liegt vor, wenn durch einen Prüfstoff schwere Gewebeschäden im Auge oder eine schwerwiegende Verschlechterung des Sehvermögens erzeugt werden, die innerhalb von 21 Tagen nach Applikation nicht vollständig reversibel sind. Eine Augenreizung umfasst Veränderungen am Auge nach Aufbringen eines Prüfstoffs, die innerhalb von 21 Tagen vollständig reversibel sind.

Das Einstufungssystem für Stoffe schließt ein mehrstufiges Prüf- und Bewertungssystem ein, das bereits bestehende Informationen (samt Daten über frühere Erfahrungen beim Menschen oder aus dem Tierversuch) unter Einbeziehung von Struktur-Wirkungsbeziehungen ((Q)SAR) und den Ergebnissen validierter In-vitro-Prüfungen kombiniert, um unnötige Tierversuche zu vermeiden.

Bei der umfassenden Ermittlung der Beweiskraft der Daten sind alle vorliegenden Informationen in ihrer Gesamtheit zu berücksichtigen. Ganz allgemein ist an erster Stelle dem Urteil von Experten unter Berücksichtigung der Erfahrungen beim Menschen Beachtung zu schenken, dann den Ergebnissen von Hautreizungsprüfungen und schließlich ordnungsgemäß validierten Alternativverfahren.

In zwei Fällen ist immer von relevanten Wirkungen am Auge auszugehen:

- Stoffe/Gemische mit extremen pH-Werten: Stoffe und Gemische mit einem pH-Wert ≤ 2 und $\geq 11{,}5$ können schwere Augenschäden verursachen, insbesondere wenn sie mit einer hohen Pufferkapazität einhergehen.

- Hautätzende und hautreizende Stoffe/Gemische: Bei hautätzenden Stoffen/Gemischen ist davon auszugehen, dass sie auch schwere Schäden am Auge hervorrufen; bei hautreizenden Stoffen/Gemischen kann davon ausgegangen werden, dass sie Augenreizungen hervorrufen.

Einstufung von Gemischen

Für die Einstufung von Gemischen wird ein stufenweises Vorgehen empfohlen, abhängig von der Art und der Menge der zur Verfügung stehenden Informationen (s. Übersicht 3.3.1).

Liegen Daten für das komplette Gemisch vor, haben diese Vorrang. Die Einstufung des Gemischs erfolgt nach denselben Kriterien wie bei Stoffen. Diese Kriterien sind hier nicht im Einzelnen aufgeführt (mehr dazu s. CLP Anh. I Nr. 3.3.2 und „Guidance on the Application of CLP Criteria", Abschn. 3.3.3.2.1).

Wurde das Gemisch selbst nicht auf seine hautätzende Wirkung oder sein Potenzial für schwere Augenschädigung/Augenreizung geprüft, liegen jedoch ausreichende Daten über seine einzelnen Bestandteile und über ähnliche geprüfte Gemische vor, um die Gefahren des Gemischs angemessen zu beschreiben, dann sind diese Daten nach Maßgabe der Übertragungsvorschriften (s. Kap. 2.5.3) zu verwenden.

Gesundheitsgefahren 3

Übersicht 3.3.1: Vorgehen bei der Einstufung von Gemischen bzgl. ihrer augenschädigenden/-reizenden Wirkung

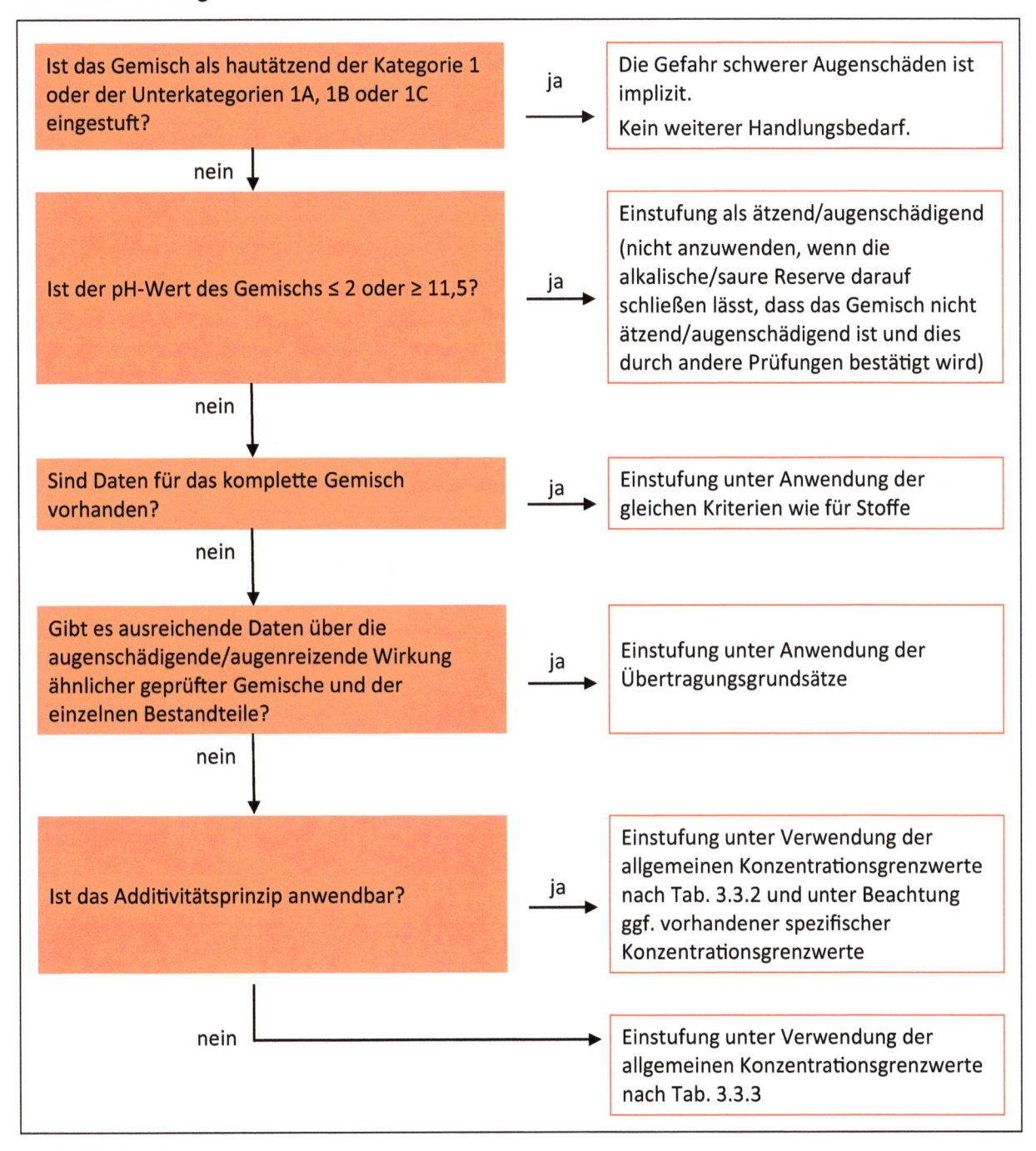

```
Ist das Gemisch als hautätzend der Kategorie 1      ja    Die Gefahr schwerer Augenschäden ist
oder der Unterkategorien 1A, 1B oder 1C          ──────▶  implizit.
eingestuft?                                               Kein weiterer Handlungsbedarf.
        │ nein
        ▼
                                                          Einstufung als ätzend/augenschädigend
                                                          (nicht anzuwenden, wenn die
Ist der pH-Wert des Gemischs ≤ 2 oder ≥ 11,5?    ja       alkalische/saure Reserve darauf
                                                 ──────▶  schließen lässt, dass das Gemisch nicht
                                                          ätzend/augenschädigend ist und dies
                                                          durch andere Prüfungen bestätigt wird)
        │ nein
        ▼
Sind Daten für das komplette Gemisch             ja       Einstufung unter Anwendung der
vorhanden?                                       ──────▶  gleichen Kriterien wie für Stoffe
        │ nein
        ▼
Gibt es ausreichende Daten über die
augenschädigende/augenreizende Wirkung           ja       Einstufung unter Anwendung der
ähnlicher geprüfter Gemische und der             ──────▶  Übertragungsgrundsätze
einzelnen Bestandteile?
        │ nein
        ▼
                                                          Einstufung unter Verwendung der
                                                          allgemeinen Konzentrationsgrenzwerte
Ist das Additivitätsprinzip anwendbar?           ja       nach Tab. 3.3.2 und unter Beachtung
                                                 ──────▶  ggf. vorhandener spezifischer
                                                          Konzentrationsgrenzwerte
        │ nein
        ▼                                                 Einstufung unter Verwendung der
                                                 ──────▶  allgemeinen Konzentrationsgrenzwerte
                                                          nach Tab. 3.3.3
```

Sind die Übertragungsgrundsätze nicht anwendbar, muss das Gemisch auf der Grundlage der Daten für die einzelnen Bestandteile eingestuft werden. Die Einstufung basiert auf der Anwendung von **Konzentrationsgrenzwerten** und folgt in der Regel dem **Additivitätsprinzip**.

3 Gesundheitsgefahren

Additivitätsprinzip

Generell beruht die Vorgehensweise bei der Einstufung von Gemischen als augenreizend oder schwer augenschädigend, wenn zwar Daten über die Bestandteile, nicht aber über das Gemisch insgesamt vorliegen, auf dem Additivitätsprinzip: Jeder reizende oder ätzende Bestandteil trägt proportional zu seiner Stärke und Konzentration zu den reizenden oder ätzenden Gesamteigenschaften des Gemischs bei. Auf einen ätzenden Bestandteil, dessen Konzentration zwar unter dem allgemeinen Konzentrationsgrenzwert für die Einstufung in die Kategorie 1 liegt, der aber zur Einstufung als reizend beiträgt, wird ein Gewichtungsfaktor von 10 angewandt, um seinen stärkeren Beitrag zur Einstufung im Vergleich zu reizenden Bestandteilen zu berücksichtigen. Das Gemisch wird als schwer augenschädigend oder augenreizend eingestuft, wenn die Summe der Konzentrationen solcher Bestandteile einen Konzentrationsgrenzwert überschreitet. Die allgemeinen Konzentrationsgrenzwerte sind in der Tabelle 3.3.2 festgelegt.

Zu berücksichtigen sind nur die „relevanten Bestandteile" eines Gemischs, sofern kein Anlass zu der Annahme besteht, dass ein in einer geringeren Konzentration enthaltener Bestandteil dennoch für die Einstufung des Gemischs aufgrund der Augenreizung/schweren Augenschädigung relevant ist:

Relevante Bestandteile =	augenschädigende, augenreizende und hautätzende Bestandteile, deren Konzentration den allgemeinen Konzentrationsgrenzwert von 1 % oder ggf. einen niedrigeren spezifischen Konzentrationsgrenzwert erreicht oder übersteigt.

Tabelle 3.3.2: Allgemeine Konzentrationsgrenzwerte für die Gefahrenklasse „Schwere Augenschädigung/Augenreizung" – Additivitätsprinzip anwendbar

Summe der Bestandteile, die eingestuft sind als:	Konzentration, die zu folgender Einstufung des Gemischs führt	
	Eye Dam. 1 H318	Eye Irrit. 2 H319
(Skin Corr. 1A, 1B, 1C oder 1, H314) + (Eye Dam. 1, H318)[1]	≥ 3 %	≥ 1 %, aber < 3 %
Eye Irrit. 2, H319		≥ 10 %
(10 × Skin Corr. 1A, 1B, 1C oder 1, H314) + (10 × Eye Dam. 1, H318) + (Eye Irrit. 2, H319)		≥ 10 %

[1] Ist ein Bestandteil sowohl als hautätzend (Kategorie 1A, 1B, 1C oder 1) als auch als augenschädigend (Kategorie 1) eingestuft, wird seine Konzentration bei der Berechnung nur einmal berücksichtigt.

Berücksichtigung von spezifischen Konzentrationsgrenzwerten bei der Anwendung des Additivitätsprinzips:

Wurden im Rahmen der harmonisierten Einstufung nach CLP Anhang VI Tabelle 3 oder vom Hersteller spezifische Konzentrationsgrenzwerte festgesetzt, haben diese Vorrang vor den allgemeinen Konzentrationsgrenzwerten der Tabelle 3.3.2 und müssen bei der Anwendung des Additivitätsprinzips berücksichtigt werden.

Enthält ein Gemisch zwei oder mehr Bestandteile A, B, …, Z, die alle oder zum Teil spezifische Konzentrationsgrenzwerte haben, muss die folgende Formel angewendet werden:

Formel 3.3: $$\frac{\text{Konz. A}}{\text{Konz.gr. A}} + \frac{\text{Konz. B}}{\text{Konz.gr. B}} + \ldots + \frac{\text{Konz. Z}}{\text{Konz.gr. Z}} \geq 1$$

mit Konz. = Konzentration des Bestandteils A, B, …, Z im Gemisch
Konz.gr. = Konzentrationsgrenzwert (allgemeiner oder spezifischer) für den Bestandteil A, B, …, Z

Die Formel ist

- auf alle hautätzenden und augenschädigenden Bestandteile bei der Prüfung auf die augenschädigende Wirkung,
- auf alle hautätzenden, augenschädigenden und augenreizenden Bestandteile bei der Prüfung auf die augenreizende Wirkung

anzuwenden (s. Beispiel 3.3.2 auf S. 50).

Fälle, in denen das Additivitätsprinzip nicht anwendbar ist

Das Additivitätsprinzip ist jedoch nicht immer anwendbar. Vorsicht ist vor allem in den folgenden Fällen geboten:

- Gemische, die Säuren, Basen, anorganische Salze, Aldehyde, Phenole und Tenside enthalten; die Stoffe wirken u. U. bereits in Konzentrationen von < 1 % ätzend oder reizend.
- Gemische, die starke Säuren oder Basen enthalten; hier ist der pH-Wert als Einstufungskriterium zu verwenden.
- Gemische mit ätzenden oder reizenden Bestandteilen, deren chemische Eigenschaften die Anwendung des Additivitätsprinzips nicht zulassen.

Ist das Additivitätsprinzip nicht anwendbar, dann sind die Konzentrationsgrenzwerte der Tabelle 3.3.3 für die Einstufung heranzuziehen.

Tabelle 3.3.3: Allgemeine Konzentrationsgrenzwerte für die Gefahrenklasse „Schwere Augenschädigung/Augenreizung" – Additivitätsprinzip *nicht* anwendbar

Bestandteil	Konzentration, die zu folgender Einstufung des Gemischs führt	
	Eye Dam. 1 H318	Eye Irrit. 2 H319
sauer mit pH-Wert ≤ 2	≥ 1 %	
basisch mit pH-Wert ≥ 11,5	≥ 1 %	
anderer ätzender Bestandteil (Skin Corr. 1, 1A, 1B oder 1C, H314 oder Eye Dam. 1, H318)	≥ 1 %	
anderer reizender Bestandteil (Eye Irrit. 2, H319)		≥ 3 %

Das Additivitätsprinzip ist auch nicht anzuwenden bei

- Gemischen mit Bestandteilen, für die zuverlässige Daten zeigen, dass sie auch bei Erreichen oder Überschreiten der allgemeinen Konzentrationsgrenzwerte der Tabellen 3.3.2 und 3.3.3 keine reversiblen oder irreversiblen Wirkungen am Auge ausüben;
- Gemischen mit Bestandteilen, für die Daten zeigen, dass sie bei einer Konzentration von < 1 % ätzend oder von < 3 % reizend wirken.

Diese Gemische sind anhand der vorhandenen Daten einzustufen.

3 Gesundheitsgefahren

Beispiel 3.3.1: Anwendung des Additivitätsprinzips

Bestandteil	Konz. (Gew.%)	Einstufung	Spezif. Konzentrationsgrenzwert
Stoff A	1,8	Eye Dam. 1, H318	–
Stoff B	0,5	Eye Irrit. 2, H319	–
Stoff C	5,4	Eye Dam. 1, H318	–
Stoff D	4,0	nicht eingestuft	
Säure E	2,0	Skin Corr. 1A, H314	–
Wasser	86,3	nicht eingestuft	

1. pH-Wert des Gemischs: 9,0-10,0 → Es müssen keine extremen pH-Werte in Betracht gezogen werden.

2. Ist das Additivitätsprinzip anwendbar? Das Gemisch enthält eine Säure, aber keinen oberflächenaktiven Stoff. Von der Säure wird angenommen, dass sie in einer Konzentration < 1 % nicht ätzend wirkt. → Das Additivitätsprinzip ist anwendbar.

3. Relevante Bestandteile: Relevant sind nur die Bestandteile A, C und E. Die Bestandteile D und Wasser bleiben unberücksichtigt, da sie nicht als augenreizend/-schädigend eingestuft sind. Stoff B kann ebenfalls vernachlässigt werden, da er in einer Konzentration unter 1 % vorhanden ist.

4. Prüfung auf augenschädigende Wirkung: Das Gemisch enthält mit Stoff A und Stoff C 7,2 % augenschädigende Stoffe der Kategorie 1, außerdem eine als hautätzend, Kategorie 1A eingestufte Säure E mit 2,0 %. Damit ist die Zeile (Skin Corr. 1A, 1B, 1C oder 1, H314 + Eye Dam. 1, H318) in der Tabelle 3.3.2 anzuwenden. Die Summe (2,0 % + 7,2 %) ist größer als 3 %.

→ Das Gemisch ist als augenschädigend in die Kategorie 1 einzustufen.

Beispiel 3.3.2: Anwendung des Additivitätsprinzips auf ein Gemisch mit Bestandteilen, denen ein spezifischer Konzentrationsgrenzwert zugeordnet ist

Bestandteil	Konz. (Gew.%)	Einstufung	Spezif. Konzentrationsgrenzwert
Stoff A	8,5	Eye Dam. 1, H318	C ≥ 25 %: Eye Dam. 1 10 % ≤ C < 25 %: Eye Irrit. 2
Stoff B	0,7	Eye Dam. 1, H318	–
Stoff C	74,9	Eye Irrit. 2, H319	–
Stoff D	15,9	nicht eingestuft	

1. pH-Wert des Gemischs: 10,0-10,5 (10 %ige Lösung) → Es müssen keine extremen pH-Werte in Betracht gezogen werden.

2. Ist das Additivitätsprinzip anwendbar? Das Gemisch enthält keinen Stoff, der die Anwendung des Additivitätsprinzips verhindert.

3. Relevante Bestandteile: Relevant sind die Bestandteile A und C. Stoff D bleibt unberücksichtigt, da er nicht als augenreizend/-schädigend eingestuft ist. Stoff B kann ebenfalls vernachlässigt werden, da er in einer Konzentration unter 1 % vorhanden ist.

4. Prüfung auf augenschädigende Wirkung (Kategorie 1): Der einzige relevante augenschädigende Stoff A liegt mit einer Konzentration von 8,5 % unter der spezifischen Konzentrationsgrenze von 25 %. → Das Gemisch muss nicht als augenschädigend (Kategorie 1) eingestuft werden.

Gesundheitsgefahren 3

5. Prüfung auf augenreizende Wirkung (Kategorie 2): Da der Stoff A einen spezifischen Konzentrationsgrenzwert hat, muss die Formel 3.3. angewendet werden:

$$\frac{\text{Konz. C}}{\text{Allg. Konz.gr. C}} + \frac{\text{Konz. A}}{\text{Spez. Konz.gr. A}} = \frac{74,9}{10} + \frac{8,5}{10} = 8,34 \quad > 1$$

→ Das Gemisch ist als augenreizend (Kategorie 2) einzustufen.

3.4 Sensibilisierung der Atemwege oder der Haut

Die Gefahrenklasse der Sensibilisierung gliedert sich in die zwei Differenzierungen

- Sensibilisierung der Atemwege und
- Sensibilisierung der Haut.

Beide Differenzierungen haben jeweils eine Kategorie 1 und die Unterkategorien 1A (sehr häufiges Auftreten beim Menschen bekannt oder wahrscheinlich) und 1B (Auftreten mit geringer oder mäßiger Häufigkeit beim Mensch bekannt oder wahrscheinlich). Allergene sind in die Kategorie 1 einzustufen, wenn die Daten für eine verfeinerte Bewertung und die Einstufung in eine Unterkategorie nicht ausreichen.

Ein Inhalationsallergen ist ein Stoff, der beim Einatmen eine Überempfindlichkeit der Atemwege auslöst. Ein Hautallergen ist ein Stoff, der bei Hautkontakt eine allergische Reaktion auslöst. Die allergische Reaktion bei Hautkontakt kann sich auch in Atemwegssymptomen, z. B. Asthma, äußern.

Die Einstufung basiert auf Erfahrungen beim Menschen und/oder auf Tierversuchen und erfolgt in der Regel über das Verfahren der Beweiskraftermittlung. Die Einstufungskriterien für Stoffe sind der CLP-Verordnung Anhang I Abschnitt 3.4.2 zu entnehmen.

Einstufung von Gemischen

Zur Einstufung von Gemischen können die folgenden Daten herangezogen werden:

- Versuchsergebnisse für eine oder mehrere, vorzugsweise alle möglicherweise sensibilisierenden Bestandteile eines Gemischs,
- Versuchsergebnisse für das Gemisch als solches sowie
- Versuchsergebnisse für ähnliche Gemische.

Im Allgemeinen werden die sensibilisierenden Eigenschaften nicht am Gemisch getestet und Gemische auf der Basis von Daten für die Bestandteile eingestuft.

1. Einstufung von Gemischen, bei denen Daten für das gesamte Gemisch vorliegen

Liegen im Einzelfall zuverlässige und qualitativ hochwertige Daten für das Gemisch als Ganzes vor, dann kann das Gemisch – nach den gleichen Regeln wie Stoffe – durch Ermittlung der Beweiskraft dieser Daten eingestuft werden. Bei der Bewertung der Daten muss man sich vergewissern, dass die Ergebnisse in Bezug auf die Expositionshöhen schlüssig sind.

Zu beachten ist: Auch wenn das Gemisch selbst in einem Test keine sensibilisierende Wirkung zeigt, kann es dennoch sensibilisierende Bestandteile in niedriger Konzentration enthalten.

3 Gesundheitsgefahren

2. Übertragungsgrundsätze

Wurde nicht das Gemisch selbst auf seine sensibilisierenden Eigenschaften geprüft, liegen jedoch ausreichende Daten über seine einzelnen Bestandteile und über ähnliche geprüfte Gemische vor, um die Gefahren des Gemischs angemessen zu beschreiben, dann sind diese Daten nach Maßgabe der Übertragungsvorschriften (s. Kap. 2.5.3) zu verwenden.

3. Einstufung von Gemischen, wenn Daten für alle oder nur manche Bestandteile des Gemischs vorliegen

Sind auch die Übertragungsgrundsätze nicht anwendbar, dann wird das Gemisch mit Hilfe der vorhandenen Daten für die Bestandteile eingestuft. Die Einstufung erfolgt unter Verwendung von Konzentrationsgrenzwerten und nach dem Einzelstoffprinzip.

Ein Gemisch ist demnach als Inhalations- oder Hautallergen einzustufen, wenn mindestens einer seiner Bestandteile als Inhalations- oder Hautallergen eingestuft worden ist und dessen Konzentration den jeweiligen Konzentrationsgrenzwert gemäß Tabelle 3.4.1 erreicht oder übersteigt. Liegen spezifische Konzentrationsgrenzwerte für einen oder mehrere Bestandteile vor, haben sie Vorrang vor den allgemeinen Konzentrationsgrenzwerten der Tabelle 3.4.1.

Tabelle 3.4.1: Allgemeine Konzentrationsgrenzwerte für die Gefahrenklasse „Sensibilisierung der Atemwege/Haut"

Bestandteil eingestuft als	Allgemeine Konzentrationsgrenzwerte, die zu folgender Einstufung des Gemischs führen		
	Resp. Sens. 1, H334		Skin Sens. 1, H317
	fest/flüssig	gasförmig	alle Aggregatzustände
Resp. Sens. 1, H334	≥ 1,0 %	≥ 0,2 %	
Resp. Sens. 1A, H334	≥ 0,1 %	≥ 0,1 %	
Resp. Sens. 1B, H334	≥ 1,0 %	≥ 0,2 %	
Skin Sens. 1, H317			≥ 1,0 %
Skin Sens. 1A, H317			≥ 0,1 %
Skin Sens. 1B, H317			≥ 1,0 %

Das Additivitätsprinzip ist hinsichtlich der sensibilisierenden Wirkung nicht anwendbar, d. h. wenn ein einziger Bestandteil eines Gemischs als sensibilisierend eingestuft ist und seine Konzentration den allgemeinen oder ggf. einen spezifischen Konzentrationsgrenzwert erreicht oder übersteigt, muss das Gemisch ebenfalls als sensibilisierend eingestuft werden. Wenn das Gemisch zwei sensibilisierende Bestandteile enthält, deren Konzentrationen jeweils unter den Konzentrationsgrenzwerten liegen, muss das Gemisch nicht eingestuft werden, auch dann nicht, wenn die Summe der Konzentrationen den Grenzwert (allgemein oder spezifisch) übersteigt.

Gesundheitsgefahren 3

Übersicht 3.4.2: Vorgehen bei der Einstufung von Gemischen in die Gefahrenklasse „Sensibilisierung der Atemwege"

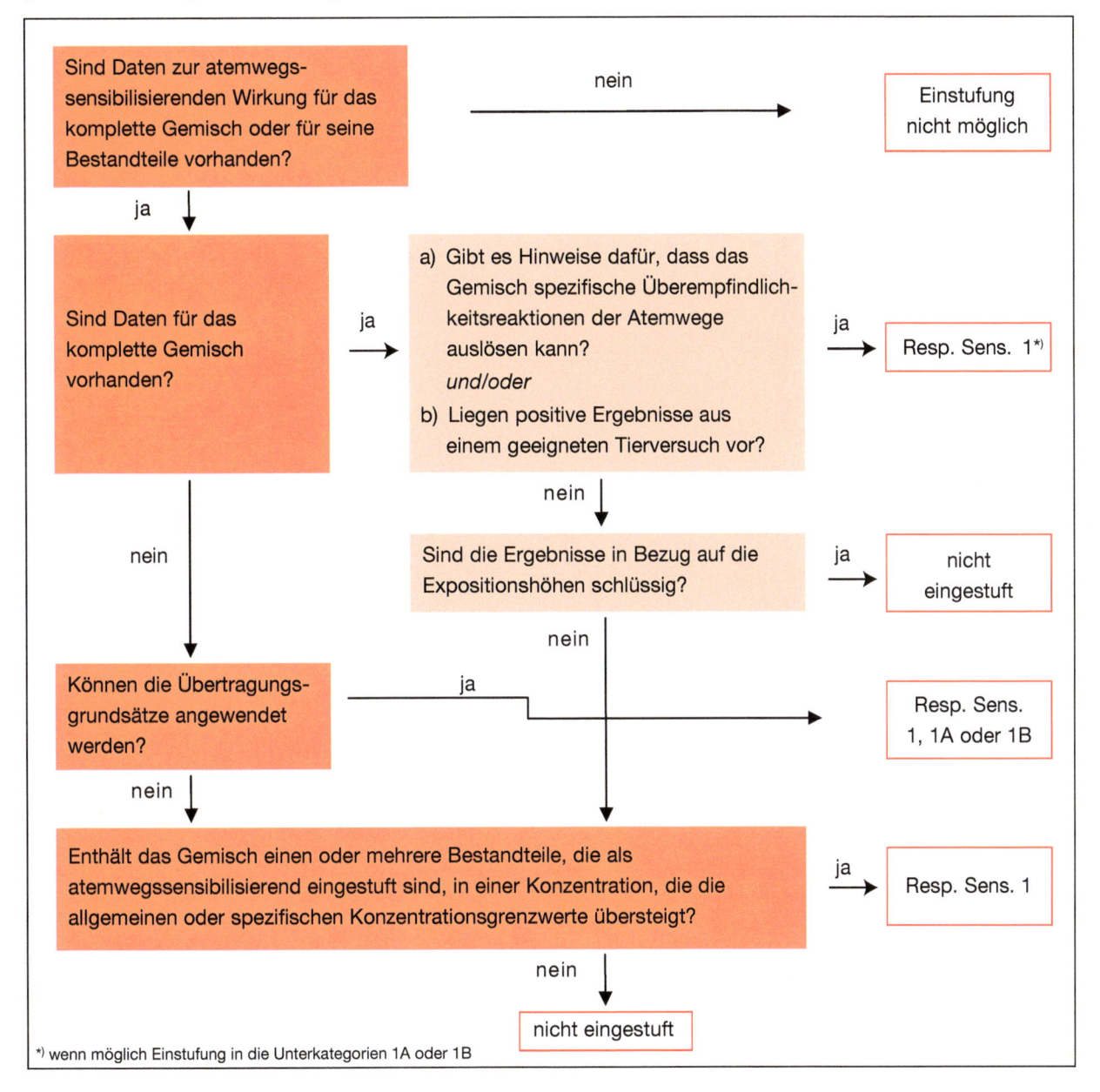

```
┌─────────────────────────────┐         nein         ┌──────────────┐
│ Sind Daten zur atemwegs-    │ ───────────────────→ │ Einstufung   │
│ sensibilisierenden Wirkung  │                      │ nicht möglich│
│ für das komplette Gemisch   │                      └──────────────┘
│ oder für seine Bestandteile │
│ vorhanden?                  │
└─────────────────────────────┘
         │ ja
         ▼
┌──────────────────┐       ┌──────────────────────────────────┐
│                  │       │ a) Gibt es Hinweise dafür, dass  │
│ Sind Daten für   │  ja   │    das Gemisch spezifische       │   ja   ┌──────────────┐
│ das komplette    │ ────→ │    Überempfindlichkeitsreaktionen│ ─────→ │ Resp. Sens.1*)│
│ Gemisch          │       │    der Atemwege auslösen kann?   │        └──────────────┘
│ vorhanden?       │       │    und/oder                      │
│                  │       │ b) Liegen positive Ergebnisse aus│
│                  │       │    einem geeigneten Tierversuch  │
│                  │       │    vor?                          │
└──────────────────┘       └──────────────────────────────────┘
         │                              │ nein
         │                              ▼
         │                  ┌──────────────────────────┐   ja   ┌──────────────┐
         │                  │ Sind die Ergebnisse in   │ ─────→ │ nicht        │
         │                  │ Bezug auf die            │        │ eingestuft   │
         │                  │ Expositionshöhen         │        └──────────────┘
         │                  │ schlüssig?               │
         │                  └──────────────────────────┘
         │ nein                       │ nein
         ▼                            │
┌──────────────────┐   ja             │              ┌──────────────────┐
│ Können die       │ ─────────────────┤ ───────────→ │ Resp. Sens.      │
│ Übertragungs-    │                                 │ 1, 1A oder 1B    │
│ grundsätze       │                                 └──────────────────┘
│ angewendet       │
│ werden?          │
└──────────────────┘
         │ nein
         ▼
┌────────────────────────────────────────────────────────┐
│ Enthält das Gemisch einen oder mehrere Bestandteile,   │   ja   ┌──────────────┐
│ die als atemwegssensibilisierend eingestuft sind, in   │ ─────→ │ Resp. Sens. 1│
│ einer Konzentration, die die allgemeinen oder          │        └──────────────┘
│ spezifischen Konzentrationsgrenzwerte übersteigt?      │
└────────────────────────────────────────────────────────┘
         │ nein
         ▼
┌──────────────┐
│ nicht        │
│ eingestuft   │
└──────────────┘
```

*) wenn möglich Einstufung in die Unterkategorien 1A oder 1B

3 Gesundheitsgefahren

Übersicht 3.4.3: Vorgehen bei der Einstufung von Gemischen in die Gefahrenklasse „Sensibilisierung der Haut"

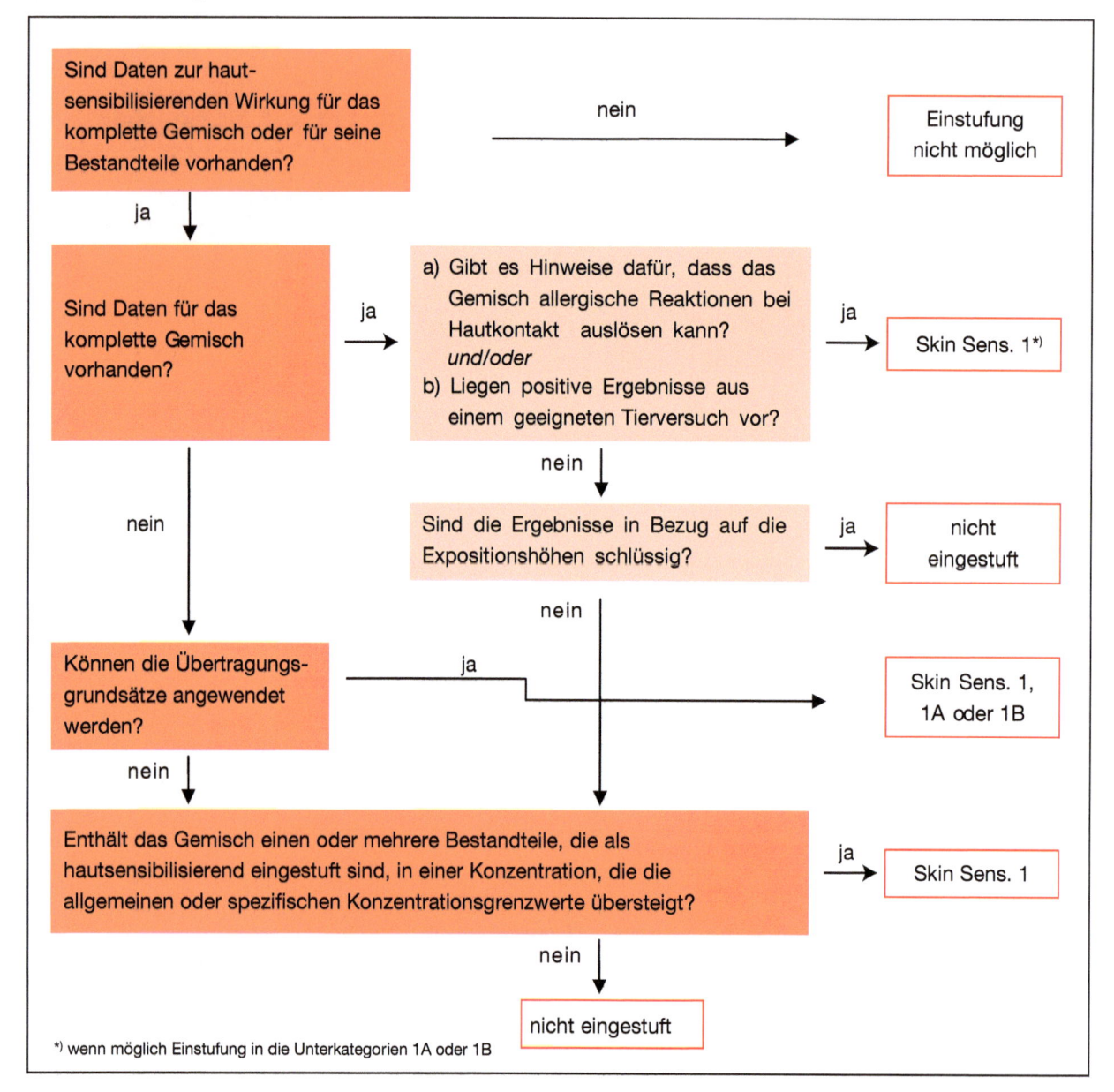

```
┌─────────────────────────────────────────────────────────────────────────────────┐
│                                                                                 │
│  Sind Daten zur haut-                                                           │
│  sensibilisierenden Wirkung für das     nein           ┌──────────────┐         │
│  komplette Gemisch oder für seine   ─────────────────► │  Einstufung  │         │
│  Bestandteile vorhanden?                               │ nicht möglich│         │
│                                                        └──────────────┘         │
│         │ ja                                                                    │
│         ▼                                                                       │
│                                  a) Gibt es Hinweise dafür, dass das            │
│  Sind Daten für das                 Gemisch allergische Reaktionen bei          │
│  komplette Gemisch    ──ja──►       Hautkontakt auslösen kann?      ──ja──►  ┌────────────┐
│  vorhanden?                         und/oder                                 │ Skin Sens. 1*)│
│                                  b) Liegen positive Ergebnisse aus           └────────────┘
│                                     einem geeigneten Tierversuch vor?           │
│         │                                                                       │
│         │                                        │ nein                         │
│         │                                        ▼                              │
│         │                        Sind die Ergebnisse in Bezug auf die    ──ja──► ┌──────────┐
│    nein │                        Expositionshöhen schlüssig?                     │   nicht  │
│         │                                                                        │eingestuft│
│         │                                        │ nein                          └──────────┘
│         ▼                                        │                                           
│  Können die Übertragungs-    ──ja──┐             │                                           
│  grundsätze angewendet             │             │                            ┌────────────┐ 
│  werden?                           └─────────────┼──────────────────────────► │Skin Sens. 1,│
│                                                  │                            │ 1A oder 1B  │
│         │ nein                                   │                            └────────────┘
│         ▼                                        ▼                                           
│  Enthält das Gemisch einen oder mehrere Bestandteile, die als                                
│  hautsensibilisierend eingestuft sind, in einer Konzentration, die die   ──ja──► ┌──────────┐
│  allgemeinen oder spezifischen Konzentrationsgrenzwerte übersteigt?              │Skin Sens.1│
│                                                                                  └──────────┘
│                                           │ nein                                             
│                                           ▼                                                  
│                                   ┌──────────────┐                                           
│                                   │nicht eingestuft│                                         
│                                   └──────────────┘                                           
│                                                                                 │
│  *) wenn möglich Einstufung in die Unterkategorien 1A oder 1B                   │
└─────────────────────────────────────────────────────────────────────────────────┘
```

Besondere Vorschriften für die Kennzeichnung nach CLP Anhang II Abschnitt 2.8:

Einige als Allergene eingestufte Stoffe können bei einzelnen Personen, die gegenüber dem Stoff oder Gemisch bereits sensibilisiert sind, eine Reaktion hervorrufen, wenn sie in einem Gemisch in Mengen enthalten sind, die unter den in Tabelle 3.4.1 festgelegten Konzentrationsgrenzwerten liegen. Das Gemisch muss in diesen Fällen nicht eingestuft werden, betroffene Personen müssen aber durch einen besonderen Hinweis gewarnt werden. Daher werden zusätzlich zu den Konzentrationsgrenzwerten für die Einstufung (niedrigere) Konzentrationsgrenzwerte für die Kennzeichnung festgesetzt.

Gesundheitsgefahren 3

Erreicht oder übersteigt die Konzentration den in Tabelle 3.4.4 festgesetzten Konzentrationsgrenzwert, dann muss das Kennzeichnungsetikett auf der Verpackung den folgenden Hinweis tragen (CLP Anh. II Abschn. 2.8):

EUH208 „Enthält (Name des sensibilisierenden Stoffs). Kann allergische Reaktionen hervorrufen."

Tabelle 3.4.4: Konzentrationsgrenzwerte für die Auslösung einer allergischen Reaktion durch Bestandteile eines Gemischs

Bestandteil eingestuft als	Konzentrationsgrenzwerte für die Auslösung einer allergischen Reaktion durch Bestandteile eines Gemischs		
	Resp. Sens. 1, H334		Skin Sens. 1, H317
	fest/flüssig	gasförmig	alle Aggregatzustände
Resp. Sens. 1, H334	≥ 0,1 %	≥ 0,1 %	
Resp. Sens. 1A, H334	≥ 0,01 %	≥ 0,01 %	
Resp. Sens. 1B, H334	≥ 0,1 %	≥ 0,1 %	
Skin Sens. 1, H317			≥ 0,1 %
Skin Sens. 1A, H317			≥ 0,01 %
Skin Sens. 1B, H317			≥ 0,1 %

Bei einem Gemisch, das als sensibilisierend eingestuft ist, müssen die Namen aller sensibilisierenden Stoffe, die in einer Konzentration gleich oder oberhalb der Konzentrationsgrenzwerte nach Tabelle 3.4.4 enthalten sind, auf dem Etikett aufgeführt werden. Es reicht nicht, nur den Stoff anzugeben, der zur Einstufung des Gemischs als sensibilisierend geführt hat.

Die nachstehende Graphik illustriert das Verhältnis zwischen den Grenzwerten für die Einstufung und den Grenzwerten für die Kennzeichnung:

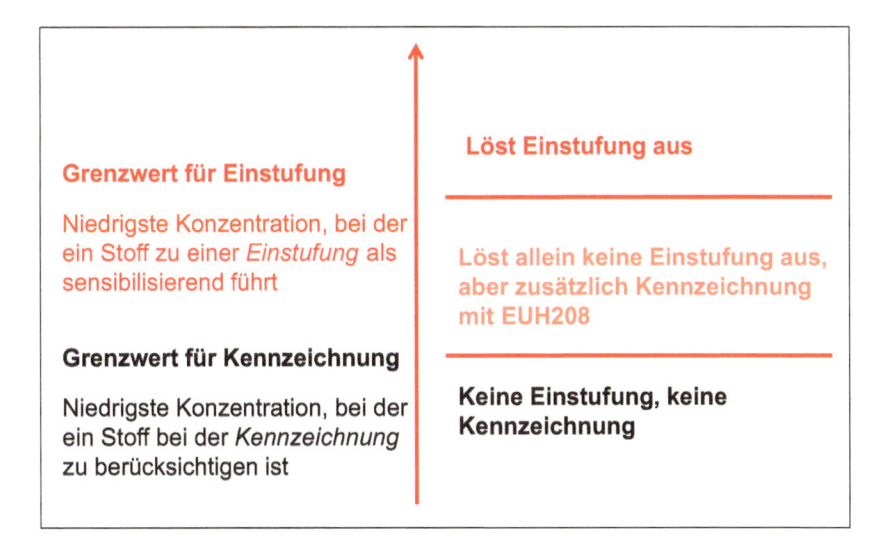

Grenzwert für Einstufung
Niedrigste Konzentration, bei der ein Stoff zu einer *Einstufung* als sensibilisierend führt

Grenzwert für Kennzeichnung
Niedrigste Konzentration, bei der ein Stoff bei der *Kennzeichnung* zu berücksichtigen ist

Löst Einstufung aus

Löst allein keine Einstufung aus, aber zusätzlich Kennzeichnung mit EUH208

Keine Einstufung, keine Kennzeichnung

Hat ein sensibilisierender Stoff einen spezifischen Konzentrationsgrenzwert < 0,1 %, dann ist der Grenzwert für die Auslösung einer allergischen Reaktion auf ein Zehntel des spezifischen Konzentrationsgrenzwertes festzulegen (s. Beispiel 3.4.3).

3 Gesundheitsgefahren

Beispiel 3.4.1:

Ein flüssiges Gemisch enthält 28 g/l des Herbizids X, das mäßig sensibilisierend bei Hautkontakt wirkt und in die Kategorie 1B eingestuft ist. Für das Gemisch selbst liegen keine Daten vor. Da die Konzentration von X (2,8 %) über dem allgemeinen Konzentrationsgrenzwert von 1 % liegt und keine weiteren Informationen zur Verfügung stehen, ist das Gemisch in die Gefahrenklasse hautsensibilisierend, Kategorie 1 einzustufen.

Beispiel 3.4.2:

Ein flüssiges Gemisch enthält 9 g/l des Insektizids Z, das mäßig sensibilisierend bei Hautkontakt wirkt und in die Unterkategorie 1B eingestuft ist. Da seine Konzentration mit 0,9 % unter dem allgemeinen Konzentrationsgrenzwert von 1 % liegt, muss das Gemisch nicht als sensibilisierend eingestuft werden. Das Kennzeichnungsetikett muss aber den zusätzlichen Gefahrenhinweis EUH208 *„Enthält Z. Kann allergische Reaktionen hervorrufen."* tragen.

Beispiel 3.4.3:

Methyl/Chlormethylisothiazolinon ist ein sehr starker Sensibilisator und in CLP Anhang VI Tabelle 3 gelistet (Index-Nr. 613-167-00-5). Für den Stoff ist ein spezifischer Konzentrationsgrenzwert von 0,0015 % für die hautsensibilisierende Wirkung festgelegt. Danach müssen alle Gemische, die den Stoff in einer Konzentration ≥ 0,0015 % enthalten, in die Gefahrenklasse hautsensibilisierend, Kategorie 1 eingestuft werden. Gemische, die den Stoff in einer geringeren Konzentration, aber mit 0,00015 % oder mehr (entsprechend 1/10 des spezifischen Konzentrationsgrenzwertes) enthalten, sind mit dem Gefahrenhinweis EUH208 zu kennzeichnen.

Beispiel 3.4.4:

Ein Konservierungsmittel enthält zwei stark hautsensibilisierende Stoffe der Unterkategorie 1A: Stoff A mit 1 % und Stoff B mit 0,05 %. Für das Gemisch selbst sind keine Daten bekannt. Aufgrund des Gehalts an Stoff A, der über dem allgemeinen Konzentrationsgrenzwert von 0,1 % liegt, wird es als hautsensibilisierend Kategorie 1 mit H317 eingestuft. Der Gehalt an Stoff B liegt unter dem allgemeinen Konzentrationsgrenzwert. Auf dem Etikett müssen beide Stoffe genannt werden: Stoff A, der für die Einstufung maßgebend ist, und Stoff B, weil seine Konzentration den Grenzwert von 0,01 % für die Auslösung einer allergischen Reaktion nach Tabelle 3.4.4 übersteigt.

3.5 Keimzellmutagenität

In die Gefahrenklasse Keimzellmutagenität werden hauptsächlich Stoffe und Gemische eingestuft, die Mutationen in den Keimzellen (Ei- und Samenzellen) von Menschen auslösen können, die an die Nachkommen weitergegeben werden. Neben diesen vererbbaren Wirkungen umfasst die Gefahrenklasse jedoch auch etwas allgemeiner Stoffe, bei denen genotoxische Wirkungen festgestellt wurden. Zugrunde gelegt werden die Ergebnisse von Mutagenitäts- oder Genotoxizitätsprüfungen, die in vitro und an Soma- und Keimzellen von Säugern in vivo durchgeführt werden. Somatische Mutationen kommen in anderen Körperzellen als den Keimzellen vor und werden nicht an die nächste Generation weitergegeben. Stoffe, die in die Gefahrenklasse Keimzellmutagen eingestuft sind, haben möglicherweise auch karzinogene Wirkungen.

Die Gefahrenklasse wird in zwei Kategorien unterteilt:

- Kategorie 1 für Stoffe, die bekanntermaßen vererbbare Mutationen in den Keimzellen von Menschen verursachen (oder so angesehen werden sollten, als wenn sie vererbbare Mutationen

Gesundheitsgefahren 3

verursachen), wobei die Einstufung in Unterkategorie 1A auf positiven Befunden aus epidemiologischen Studien an Menschen beruht, die Einstufung in Unterkategorie 1B auf Ergebnissen aus In-vivo-Prüfungen an Säugern u. a.,

- Kategorie 2 für Stoffe, die möglicherweise vererbbare Mutationen in Keimzellen von Menschen auslösen können.

Mehr Informationen zu den Einstufungskriterien für Stoffe und zur Bewertung von Versuchsergebnissen finden sich in CLP Anhang I Abschnitt 3.5.2, eine ausführliche Anleitung im „Guidance on the Application of CLP Criteria", Abschnitt 3.5.2. Die Versuchsergebnisse sind mit Hilfe einer Beurteilung durch Experten zu bewerten. Alle verfügbaren Daten sind einer Ermittlung der Beweiskraft zu unterziehen.

Einstufung von Gemischen

Die Einstufung von Gemischen basiert fast ausschließlich auf den Daten für die einzelnen Bestandteile eines Gemischs. Daten für das Gemisch selbst werden im Allgemeinen nicht erhoben. Einstufungen, die auf Daten für das komplette Gemisch beruhen, und die Anwendung der Übertragungsgrundsätze sind daher auf Einzelfälle beschränkt.

Die Einstufung erfolgt unter Verwendung von Konzentrationsgrenzwerten und ist nicht additiv, d. h., die Wirkungen der einzelnen Bestandteile werden isoliert betrachtet.

Gemische werden demnach als mutagen eingestuft, wenn mindestens ein Bestandteil als mutagen in die Kategorie 1A, 1B oder 2 eingestuft worden ist und seine Konzentration den entsprechenden allgemeinen Konzentrationsgrenzwert gemäß Tabelle 3.5.1 erreicht oder übersteigt.

Tabelle 3.5.1: **Allgemeine Konzentrationsgrenzwerte für die Gefahrenklasse „Keimzellmutagenität"**

Bestandteil eingestuft als	Konzentration, die zu folgender Einstufung des Gemischs führt		
	Muta. 1A, H340	Muta. 1B, H340	Muta. 2, H341
Muta. 1A, H340	≥ 0,1 %		
Muta. 1B, H340		≥ 0,1 %	
Muta. 2, H341			≥ 1,0 %

Hinweis: Die Konzentrationsgrenzwerte der vorstehenden Tabelle gelten für Feststoffe und Flüssigkeiten (in w/w) sowie für Gase (in v/v).

Spezifische Konzentrationsgrenzen können nicht im Rahmen der Selbsteinstufung festgelegt werden, da hierfür keine standardisierten Methoden zur Verfügung stehen. In der Stoffliste nach CLP Anhang VI Tabelle 3 ist zur Zeit nur für einen Stoff, Dimethylsulfat, ein spezifischer Konzentrationsgrenzwert festgesetzt.

3.6 Karzinogenität

Als karzinogen werden Stoffe und Gemische angesehen, die Krebs erzeugen oder die Krebshäufigkeit erhöhen können. Die Einstufung erfolgt anhand der Aussagekraft der Nachweise und zusätzlicher Erwägungen (Beweiskraft der Daten). In den meisten Fällen ist ein Expertenurteil notwendig, um zu einer Einstufung zu gelangen.

Die Gefahrenklasse wird in zwei Kategorien unterteilt:

- Kategorie 1 für Stoffe, die bekanntermaßen oder wahrscheinlich beim Menschen karzinogen wirken, wobei die Einstufung in die Unterkategorie 1A überwiegend auf Nachweisen beim

3 Gesundheitsgefahren

Menschen beruht, die Einstufung in die Unterkategorie 1B überwiegend auf Nachweisen bei Tieren,

- Kategorie 2 für Stoffe, die im Verdacht stehen, karzinogene Wirkungen beim Menschen zu haben.

Mehr Informationen zu den Einstufungskriterien für Stoffe und zur Bewertung von Versuchsergebnissen finden sich in CLP Anhang I Abschnitt 3.6.2, eine ausführliche Anleitung im „Guidance on the Application of CLP Criteria", Abschnitt 3.6.2.

Einstufung von Gemischen

Die Einstufung von Gemischen basiert fast ausschließlich auf den Daten für die einzelnen Bestandteile eines Gemischs. Daten für das Gemisch selbst werden im Allgemeinen nicht erhoben. Einstufungen, die auf Daten für das komplette Gemisch beruhen, und die Anwendung der Übertragungsgrundsätze sind daher auf Einzelfälle beschränkt und bedürfen eines Expertenurteils.

Die Einstufung erfolgt unter Verwendung von Konzentrationsgrenzwerten und ist nicht additiv, d. h., die Wirkungen der einzelnen Bestandteile werden isoliert betrachtet.

Das Gemisch wird demnach als karzinogen eingestuft, wenn mindestens ein Bestandteil als karzinogen in die Kategorie 1A, 1B oder 2 eingestuft worden ist und seine Konzentration den entsprechenden allgemeinen Konzentrationsgrenzwert gemäß Tabelle 3.6.1 erreicht oder übersteigt. Wurden für einen Stoff spezifische Konzentrationsgrenzwerte festgelegt, haben diese Vorrang.

Tabelle 3.6.1: Allgemeine Konzentrationsgrenzwerte für die Gefahrenklasse „Karzinogenität"

Bestandteil eingestuft als	Konzentration, die zu folgender Einstufung des Gemischs führt		
	Carc. 1A, H350	Carc. 1B, H350	Carc. 2, H351
Carc. 1A, H350	≥ 0,1 %		
Carc. 1B, H350		≥ 0,1 %	
Carc. 2, H351			≥ 1,0 %[1]

[1] Liegt in einem Gemisch ein Stoff, der als karzinogen in die Kategorie 2 eingestuft wurde, als Bestandteil mit einer Konzentration von ≥ 0,1 % vor, so wird auf Anforderung ein Sicherheitsdatenblatt für das Gemisch vorgelegt.

Hinweis: Die Konzentrationsgrenzwerte der vorstehenden Tabelle gelten für Feststoffe und Flüssigkeiten (in w/w) sowie für Gase (in v/v).

3.7 Reproduktionstoxizität

Die Reproduktionstoxizität umfasst alle Beeinträchtigungen der Sexualfunktion und Fruchtbarkeit bei Mann und Frau sowie Entwicklungsschäden bei den Nachkommen. Auch Störungen der Laktation oder über die Laktation gehören zur Reproduktionstoxizität.

Die Gefahrenklasse wird in zwei Kategorien für die Reproduktionstoxizität sowie in eine Zusatzkategorie für Wirkungen auf oder über die Laktation unterteilt:

- Kategorie 1 für Stoffe, die bekanntermaßen oder wahrscheinlich die Sexualfunktion und die Fruchtbarkeit oder die Entwicklung beeinträchtigen oder beeinträchtigen können, wobei die Unterkategorie 1A auf Befunden beim Menschen, die Unterkategorie 1B weitgehend auf Daten aus Tierstudien beruht.

- Kategorie 2 für Stoffe, für die Befunde bei Mensch oder Tier vorliegen, die eine Beeinträchtigung der Sexualfunktion und der Fruchtbarkeit oder der Entwicklung nachweisen, die Nachweise aber nicht stichhaltig genug für eine Einstufung in Kategorie 1 sind.

Gesundheitsgefahren 3

- Kategorie Laktation für Stoffe, die von Frauen aufgenommen werden und nachteilig auf die Bildung und Qualität der Muttermilch wirken oder die in solchen Mengen in der Muttermilch enthalten sein können, dass sie für die Gesundheit eines gestillten Kindes bedenklich sind.

Mehr Informationen zu den Einstufungskriterien für Stoffe und zur Bewertung von Versuchsergebnissen finden sich in CLP Anhang I Abschnitt 3.7.2, eine ausführliche Anleitung im „Guidance on the Application of CLP Criteria", Abschnitt 3.7.2. Die Versuchsergebnisse sind mit Hilfe einer Beurteilung durch Experten zu bewerten; alle verfügbaren Daten sind einer Ermittlung der Beweiskraft zu unterziehen.

Einstufung von Gemischen

Die Einstufung von Gemischen basiert fast ausschließlich auf den Daten für die einzelnen Bestandteile eines Gemischs. Daten für das Gemisch selbst werden im Allgemeinen nicht erhoben. Einstufungen, die auf Daten für das komplette Gemisch beruhen, und die Anwendung der Übertragungsgrundsätze sind daher auf Einzelfälle beschränkt.

Die Einstufung erfolgt unter Verwendung von Konzentrationsgrenzwerten und ist nicht additiv, d. h., die Wirkungen der einzelnen Bestandteile werden isoliert betrachtet.

Das Gemisch wird demnach als reproduktionstoxisch eingestuft, wenn mindestens ein Bestandteil als reproduktionstoxisch in die Kategorie 1A, 1B oder 2 eingestuft worden ist und seine Konzentration den entsprechenden allgemeinen Konzentrationsgrenzwert gemäß Tabelle 3.7.1 erreicht oder übersteigt.

Das Gemisch wird aufgrund seiner Wirkungen auf oder über die Laktation eingestuft, wenn mindestens ein Bestandteil aufgrund seiner Wirkungen auf oder über die Laktation eingestuft worden ist und seine Konzentration den allgemeinen Konzentrationsgrenzwert für die Zusatzkategorie Laktation gemäß Tabelle 3.7.1 erreicht oder übersteigt.

Wurden für einen Stoff spezifische Konzentrationsgrenzwerte festgelegt, haben diese Vorrang.

Tabelle 3.7.1: Allgemeine Konzentrationsgrenzwerte für die Gefahrenklasse „Reproduktionstoxizität"

Bestandteil eingestuft als	Konzentration, die zu folgender Einstufung des Gemischs führt			
	Repr. 1A, H360	Repr. 1B, H360	Repr. 2, H361	Lact., H362
Repr. 1A, H360	≥ 0,3 %[1]			
Repr. 1B, H360		≥ 0,3 %[1]		
Repr. 2, H361			≥ 3,0 %[1]	
Lact., H362				≥ 0,3 %[1]

[1] Enthält das Gemisch einen reproduktionstoxischen Stoff der Kategorie 1 oder der Kategorie 2 oder einen aufgrund seiner Wirkungen auf oder über die Laktation eingestuften Stoff als Bestandteil in einer Konzentration ≥ 0,1 %, so wird auf Anforderung ein Sicherheitsdatenblatt für das Gemisch vorgelegt.

Hinweis: Die Konzentrationsgrenzwerte der vorstehenden Tabelle gelten für Feststoffe und Flüssigkeiten (in w/w) sowie für Gase (in v/v).

3.8 Spezifische Zielorgan-Toxizität (einmalige Exposition)

„Spezifische Zielorgan-Toxizität" bedeutet, dass ein Stoff oder ein Gemisch toxisch auf ein oder mehrere Organe, z. B. Lunge, Herz oder Knochenmark, wirkt und damit die Gesundheit von exponierten Personen beeinträchtigen kann. Die Gefahrenklasse Spezifische Zielorgan-Toxizität, einmalige Exposition (STOT SE) umfasst die spezifische nichtletale Zielorgan-Toxizität nach einmaliger Exposition gegenüber einem Stoff oder Gemisch. Dazu gehören alle eindeutigen Auswirkungen

3 Gesundheitsgefahren

auf die Gesundheit, die Körperfunktionen beeinträchtigen können, unabhängig davon, ob sie reversibel oder irreversibel sind, unmittelbar und/oder verzögert auftreten, sofern sie nicht durch andere Gefahrenklassen wiedergegeben werden. STOT SE ist nur dann zuzuordnen, wenn eine Wirkung nicht besser durch eine andere Gefahrenklasse, wie z. B. Hautreizung oder Reproduktionstoxizität, beschrieben wird.

Die Gefahrenklasse Spezifische Zielorgan-Toxizität, einmalige Exposition muss sorgfältig von der Gefahrenklasse Akute Toxizität unterschieden werden. Auch diese umfasst toxische Wirkungen nach einmaliger Exposition, bezieht sich aber auf die Letalität des Stoffs, während jene die nichtletalen Wirkungen betrachtet. Beide Klassen können einem Stoff zugeordnet werden. Das darf aber nicht aufgrund ein und desselben Effekts geschehen. Wenn die Kriterien für beide Gefahrenklassen bzgl. der gleichen Wirkung zutreffen, ist die Klasse zu wählen, die am besten geeignet ist.

Die Gefahrenklasse Spezifische Zielorgan-Toxizität, einmalige Exposition wird in drei Kategorien unterteilt:

- Kategorie 1 für Stoffe, die beim Menschen eindeutig toxisch wirken oder bei denen auf der Grundlage von Befunden aus tierexperimentellen Studien anzunehmen ist, dass sie beim Menschen nach einmaliger Exposition toxisch wirken,

- Kategorie 2 für Stoffe, von denen auf der Grundlage von Befunden aus tierexperimentellen Studien angenommen werden kann, dass sie sich bei einmaliger Exposition schädlich auf die menschliche Gesundheit auswirken können.

- Kategorie 3 umfasst narkotisierende Wirkungen und Atemwegsreizungen. Dabei handelt es sich um Wirkungen, die die menschlichen Körperfunktionen nach der Exposition vorübergehend beeinträchtigen und von denen sich der Mensch in einem angemessenen Zeitraum erholt, ohne dass eine nennenswerte strukturelle oder funktionelle Beeinträchtigung zurückbleibt. Die Einstufung erfolgt nur, wenn ein Stoff die Kriterien für eine Einstufung in die Kategorien 1 oder 2 nicht erfüllt.

Für die Einstufung in STOT SE müssen keine neuen experimentellen Daten erhoben werden. Die Einstufung basiert in der Regel auf Erfahrungen am Menschen und Toxizitätsstudien an Tieren.

Mehr an Informationen zu den Einstufungskriterien für Stoffe und zur Erhebung und Bewertung der Daten findet sich in CLP Anhang I Abschnitt 3.8.2, eine ausführliche Anleitung im „Guidance on the Application of CLP Criteria", Abschnitt 3.8.2. Die Daten sind mit Hilfe einer Beurteilung durch Experten zu bewerten. Alle verfügbaren Daten sind einer Ermittlung der Beweiskraft zu unterziehen.

Einstufung von Gemischen

1. Einstufung von Gemischen, bei denen Daten für das gesamte Gemisch vorliegen

Liegen für das Gemisch selbst zuverlässige und gesicherte Befunde aus Erfahrungen beim Menschen oder aus geeigneten Tierversuchen vor, wie bei den Kriterien für Stoffe in CLP Anhang I Abschnitt 3.8.2 beschrieben, dann ist das Gemisch mit Hilfe einer Ermittlung der Beweiskraft dieser Daten einzustufen. Es gelten die gleichen Regeln wie für die Einstufung von Stoffen.

2. Übertragungsgrundsätze

Wurde nicht das Gemisch selbst auf seine spezifische Zielorgan-Toxizität geprüft, liegen jedoch ausreichende Daten über seine einzelnen Bestandteile und über ähnliche geprüfte Gemische vor, um die Gefahren des Gemischs angemessen zu beschreiben, dann sind diese Daten nach Maßgabe der Übertragungsvorschriften (s. Kap. 2.5.3) zu verwenden.

Gesundheitsgefahren 3

3. Einstufung von Gemischen, wenn Daten für alle oder nur manche Bestandteile des Gemischs vorliegen

Gibt es keine zuverlässigen Nachweise oder Prüfdaten für das spezifische Gemisch selbst und können die Übertragungsgrundsätze nicht für seine Einstufung verwendet werden, dann beruht die Einstufung des Gemischs auf der Einstufung seiner Bestandteile.

Die Einstufung erfolgt unter Verwendung von Konzentrationsgrenzwerten und ist im Fall der Kategorien 1 und 2 nicht additiv, d. h., die Wirkungen der einzelnen Bestandteile werden isoliert betrachtet. Bei der Einstufung in die Kategorie 3 ist die Anwendung des Additivitätsprinzips zu prüfen. Atemwegsreizungen und narkotisierende Wirkungen sind jedoch immer getrennt zu bewerten.

Kategorien 1 und 2: Ein Gemisch ist als spezifisch zielorgantoxisch (unter Angabe des Organs) einzustufen, wenn *mindestens ein* Bestandteil als spezifisch zielorgantoxisch in die Kategorie 1 oder 2 eingestuft wurde und dessen Konzentration den entsprechenden allgemeinen Konzentrationsgrenzwert gemäß Tabelle 3.8.1 erreicht oder übersteigt. Liegen spezifische Konzentrationsgrenzwerte für einen oder mehrere Bestandteile vor, haben sie Vorrang vor den allgemeinen Konzentrationsgrenzwerten.

Tabelle 3.8.1: Allgemeine Konzentrationsgrenzwerte für die Gefahrenklasse „Spezifische Zielorgan-Toxizität, einmalige Exposition"

Bestandteil eingestuft als	Konzentration, die zu folgender Einstufung des Gemischs führt		
	STOT SE 1, H370	STOT SE 2, H371	STOT SE 3, H335 oder H336
STOT SE 1, H370	≥ 10 %	1,0 % ≤ Konz. < 10 %	
STOT SE 2, H371		≥ 10 %[1)]	
STOT SE 3, H335 oder H336			[≥ 20 %][2)]

[1)] Enthält das Gemisch einen Bestandteil, der als spezifisch zielorgantoxisch in die Kategorie 2 eingestuft wurde, in einer Konzentration ≥ 1,0 %, so wird auf Anforderung ein Sicherheitsdatenblatt für das Gemisch vorgelegt.
[2)] Konzentrationsgrenzwert kann höher oder niedriger sein; hier ist eine Beurteilung durch Experten anzustellen.

Für die Kategorien 1 und 2 ist das Additivitätsprinzip nicht anwendbar. Wenn ein Bestandteil eines Gemischs in die Gefahrenklasse STOT SE 1 oder STOT SE 2 eingestuft ist und seine Konzentration den allgemeinen oder spezifischen Konzentrationsgrenzwert erreicht oder übersteigt, dann muss das Gemisch ebenfalls in die entsprechende Kategorie eingestuft werden.

Kategorie 3: Wenn ein Gemisch mehrere Bestandteile der Kategorie 3 in einer Konzentration unterhalb des allgemeinen Konzentrationsgrenzwertes (im Allgemeinen 20 %) enthält, ist eine Einstufung nach dem Additivitätsprinzip zu prüfen. Narkotisierend wirkende und atemwegsreizende Bestandteile sind dabei getrennt zu bewerten. Wenn die Summe der Konzentrationen aller narkotisierenden bzw. aller atemwegsreizenden Bestandteile die allgemeine Konzentrationsgrenze erreicht oder übersteigt, wird das Gemisch in die Kategorie 3 eingestuft und der H336 bzw. H335 zugeordnet.

Für Stoffe der Kategorie 3 ist ein allgemeiner Konzentrationsgrenzwert von 20 % zweckmäßig. Trotzdem ist zu bedenken, dass dieser Konzentrationsgrenzwert höher oder niedriger sein kann, je nachdem welche/-r Bestandteil/-e der Kategorie 3 enthalten ist/sind. Auch ist zu berücksichtigen, dass manche Wirkungen, z. B. die Atemwegsreizung, unterhalb einer bestimmten Konzentration ausbleiben können, während wiederum andere, wie narkotisierende Wirkungen, auch unterhalb dieses 20 %-Werts auftreten können. Hier ist eine Beurteilung durch Experten anzustellen.

3 Gesundheitsgefahren

Hinweis: Ein Gemisch, das nicht als ätzend eingestuft ist, aber einen ätzenden Bestandteil enthält, sollte auf eine Einstufung in die Kategorie 3 (atemwegsreizend) überprüft werden. Es sind die Kriterien für die Einstufung von Stoffen als atemwegsreizend anzuwenden.

Beispiel 3.8.1: Einstufung eines Gemischs mit narkotisierenden und atemwegsreizenden Bestandteilen

Bestandteil	Konzentration	Einstufung
Stoff A	0,5 %	nicht eingestuft
Stoff B	3,5 %	Kat. 3, Atemwegsreizung
Stoff C	15 %	Kat. 3, Narkotisierend
Stoff D	15 %	Kat. 3, Narkotisierend
Stoff E	66 %	nicht eingestuft

Atemwegsreizung:

Es ist nur ein atemwegsreizender Stoff, Stoff B, enthalten. Seine Konzentration liegt unterhalb des in der Regel als zweckmäßig angesehenen Konzentrationsgrenzwerts von 20 %.

→ Das Gemisch ist nicht als atemwegsreizend einzustufen.

Narkotisierende Wirkung:

Es sind zwei narkotisierend wirkende Bestandteile enthalten, und es muss davon ausgegangen werden, dass ihre Wirkungen kumulativ sind, so dass das Additivitätsprinzip anzuwenden ist:

Summe der Konzentrationen der Stoffe C und D = 15 % + 15 % = 30 %   > 20 %

→ Das Gemisch wird demnach in die Gefahrenklasse STOT SE 3 (narkotisierend) eingestuft und ihm wird der H336 zugewiesen.

Achtung: Der Anwendung eines Konzentrationsgrenzwertes von 20 % muss ein Expertenurteil vorausgehen, da der Konzentrationsgrenzwert im Einzelfall auch höher oder niedriger sein kann.

3.9 Spezifische Zielorgan-Toxizität (wiederholte Exposition)

„Spezifische Zielorgan-Toxizität, wiederholte Exposition" bedeutet, dass ein Stoff oder ein Gemisch nach wiederholter Exposition toxisch auf ein oder mehrere Organe, z. B. Lunge, Herz oder Knochenmark, wirkt und damit die Gesundheit von exponierten Personen beeinträchtigen kann. Dazu gehören alle eindeutigen Auswirkungen auf die Gesundheit, die Körperfunktionen beeinträchtigen können, unabhängig davon, ob sie reversibel oder irreversibel sind, unmittelbar und/oder verzögert auftreten, sofern sie nicht durch andere Gefahrenklassen wiedergegeben werden. Die Gefahrenklasse ist nur dann zuzuordnen, wenn eine Wirkung nicht besser durch eine andere Gefahrenklasse, wie z. B. Karzinogenität oder Reproduktionstoxizität, beschrieben wird.

Die Einstufung von Stoffen als spezifisch zielorgantoxisch nach wiederholter Exposition erfolgt mit Hilfe der Beurteilung durch Experten auf der Grundlage der Ermittlung der Beweiskraft aller verfügbaren Daten. Stoffe werden je nach Art und Schwere der beobachteten Wirkung(en) einer von zwei Kategorien zugeordnet:

- Kategorie 1 für Stoffe, die beim Menschen eindeutig toxisch wirken oder bei denen auf der Grundlage von Befunden aus tierexperimentellen Studien anzunehmen ist, dass sie beim Menschen nach wiederholter Exposition toxisch wirken.

Gesundheitsgefahren 3

- Kategorie 2 für Stoffe, von denen auf der Grundlage von Befunden aus tierexperimentellen Studien angenommen werden kann, dass sie sich bei wiederholter Exposition schädlich auf die menschliche Gesundheit auswirken können.

Mehr Informationen zu den Einstufungskriterien für Stoffe und zur Erhebung und Bewertung der Daten finden sich in CLP Anhang I Abschnitt 3.9.2, eine ausführliche Anleitung im „Guidance on the Application of CLP Criteria", Abschnitt 3.9.2.

Einstufung von Gemischen

1. Einstufung von Gemischen, bei denen Daten für das gesamte Gemisch vorliegen

Liegen für das Gemisch selbst zuverlässige und gesicherte Befunde aus Erfahrungen beim Menschen oder aus geeigneten Tierversuchen vor, wie bei den Kriterien für Stoffe in CLP Anhang I Abschnitt 3.9.2 beschrieben, dann ist das Gemisch mit Hilfe einer Ermittlung der Beweiskraft dieser Daten einzustufen. Es gelten die gleichen Regeln wie für die Einstufung von Stoffen.

2. Übertragungsgrundsätze

Wurde nicht das Gemisch selbst auf seine spezifische Zielorgan-Toxizität geprüft, liegen jedoch ausreichende Daten über seine einzelnen Bestandteile und über ähnliche geprüfte Gemische vor, um die Gefahren des Gemischs angemessen zu beschreiben, dann sind diese Daten nach Maßgabe der Übertragungsvorschriften (s. Kap. 2.5.3) zu verwenden.

3. Einstufung von Gemischen, wenn Daten für alle oder nur manche Bestandteile des Gemischs vorliegen

Gibt es keine zuverlässigen Nachweise oder Prüfdaten für das spezifische Gemisch selbst und können die Übertragungsgrundsätze nicht für seine Einstufung verwendet werden, dann beruht die Einstufung des Gemischs auf der Einstufung seiner Bestandteile.

Die Einstufung erfolgt unter Verwendung von Konzentrationsgrenzwerten und ist nicht additiv, d. h., die Wirkungen der einzelnen Bestandteile werden isoliert betrachtet.

Ein Gemisch ist demnach als spezifisch zielorgantoxisch einzustufen, wenn *mindestens ein* Bestandteil als spezifisch zielorgantoxisch in die Kategorie 1 oder 2 eingestuft wurde und dessen Konzentration den entsprechenden allgemeinen Konzentrationsgrenzwert gemäß Tabelle 3.9.1 erreicht oder übersteigt. Liegen spezifische Konzentrationsgrenzwerte für einen oder mehrere Bestandteile vor, haben sie Vorrang vor den allgemeinen Konzentrationsgrenzwerten.

Tabelle 3.9.1: Allgemeine Konzentrationsgrenzwerte für die Gefahrenklasse „Spezifische Zielorgan-Toxizität, wiederholte Exposition"

Bestandteil eingestuft als	Konzentration, die zu folgender Einstufung des Gemischs führt	
	STOT RE 1, H372	STOT RE 2, H373
STOT RE 1, H372	≥ 10 %	1,0 % ≤ Konz. < 10 %
STOT RE 2, H373		≥ 10 %[1]

[1] Enthält das Gemisch einen Bestandteil, der als spezifisch zielorgantoxisch in die Kategorie 2 eingestuft wurde, in einer Konzentration ≥ 1,0 %, so wird auf Anforderung ein Sicherheitsdatenblatt für das Gemisch vorgelegt.

Das Additivitätsprinzip ist nicht anwendbar. Wenn ein Bestandteil eines Gemischs in die Gefahrenklasse STOT RE 1 oder STOT RE 2 eingestuft ist und seine Konzentration den allgemeinen oder spezifischen Konzentrationsgrenzwert erreicht oder übersteigt, dann muss das Gemisch ebenfalls in die entsprechende Kategorie eingestuft werden.

3 Gesundheitsgefahren

Bei der Einstufung von Gemischen aufgrund der Einstufung der Bestandteile muss das Organsystem nicht angegeben werden, d. h. die zugehörigen H-Sätze H372 bzw. H373 können ohne Angabe des spezifischen Organsystems verwendet werden. Auch der Expositionsweg wird nur angegeben, wenn Daten für das gesamte Gemisch vorliegen und andere Expositionswege ausgeschlossen werden können.

Wenn Giftstoffe, die mehr als ein Organsystem angreifen, kombiniert werden, ist darauf zu achten, dass eine Potenzierung oder Synergismen berücksichtigt werden. Manche Stoffe können bereits bei einer Konzentration von < 1 % eine Zielorgan-Toxizität bewirken, wenn von anderen Bestandteilen des Gemischs bekannt ist, dass sie seine toxischen Wirkungen potenzieren können.

Beispiel 3.9.1: Einstufung eines Gemischs auf der Grundlage der Einstufung seiner Bestandteile

Bestandteil	Konzentration	Einstufung
Stoff A	39 %	nicht eingestuft
Stoff B	5,5 %	STOT RE 1
Stoff C	54 %	nicht eingestuft
Stoff D	1,5 %	STOT RE 2

Es wird angenommen, dass im Hinblick auf die Zielorgantoxizität keine Daten für das gesamte Gemisch vorhanden sind. Ebenso fehlen Daten für ähnliche Gemische, so dass auch die Übertragungsgrundsätze nicht anwendbar sind. Das Gemisch muss daher auf der Basis der Einstufung seiner Bestandteile erfolgen.

Die Konzentration von Stoff B, des einzigen Bestandteils, der in Kategorie 1 eingestuft ist, liegt unterhalb der allgemeinen Konzentrationsgrenze von 10 %. Das Gemisch ist daher nicht in Kategorie 1 einzustufen. Da die Konzentration von Stoff B aber größer als die allgemeine Konzentrationsgrenze für die Einstufung in die Kategorie 2 (≥ 1 %) ist, wird das Gemisch in Kategorie 2 eingestuft. Stoff D spielt keine Rolle, da seine Konzentration unterhalb der allgemeinen Konzentrationsgrenze für Kategorie 2-Stoffe von 10 % liegt.

Beispiel 3.9.2: Einstufung eines Gemischs auf der Grundlage der Einstufung seiner Bestandteile

Bestandteil	Konzentration	Einstufung	Spezif. Konzentrationsgrenzwert
Stoff A	0,1 %	STOT RE 1	0,2 %
Stoff B	9 %	STOT RE 1	–

Die Konzentration von Stoff B liegt unterhalb der allgemeinen Konzentrationsgrenze für Kategorie 1 (< 10 %), aber oberhalb der Konzentrationsgrenze für Kategorie 2 (≥ 1%). Das Gemisch wird daher in Kategorie 2 eingestuft. Stoff A trägt nicht zur Einstufung bei, da seine Konzentration unter der spezifischen Konzentrationsgrenze von 0,2 % liegt und das Additivitätsprinzip nicht anwendbar ist.

Beispiel 3.9.3: Einstufung eines Gemischs auf der Grundlage der Einstufung seiner Bestandteile unter Berücksichtigung von spezifischen Konzentrationsgrenzwerten

Bestandteil	Konzentration	Einstufung	Spezif. Konzentrationsgrenzwert
Stoff A	0,3 %	STOT RE 1	0,2 %
Stoff C	9 %	STOT RE 2	–

Gesundheitsgefahren 3

Das Gemisch wird in Kategorie 1 eingestuft, da die Konzentration von Stoff A oberhalb der spezifischen Konzentrationsgrenze liegt. Stoff C trägt nicht zur Einstufung bei, da hierfür der allgemeine Konzentrationsgrenzwert für Kategorie 2 ($\geq$ 10 %) zu berücksichtigen und das Additivitätsprinzip nicht anwendbar ist.

3.10 Aspirationsgefahr

Aspiration ist das Eindringen eines flüssigen oder festen Stoffs oder Gemischs in die Luftröhre und den unteren Atemtrakt entweder direkt über die Mund- oder Nasenhöhle oder indirekt durch Erbrechen. Die Aspirationstoxizität führt zu schwerwiegenden akuten Wirkungen, etwa durch Chemikalien hervorgerufene Pneumonie, Lungenschädigungen unterschiedlicher Schwere oder Tod durch Aspiration.

Es gibt für die Aspirationsgefahr nur eine Kategorie 1 für Stoffe, die bekanntlich eine Aspirationsgefahr für den Menschen darstellen oder als solche angesehen werden müssen.

Ein Stoff wird in die Kategorie 1 eingestuft:

- auf der Grundlage zuverlässiger und hochwertiger Erfahrungen beim Menschen *oder*
- wenn es sich um einen Kohlenwasserstoff mit einer bei 40 °C gemessenen kinematischen Viskosität[13] von maximal 20,5 mm^2/s handelt.

Einstufung von Gemischen

1. Ein Gemisch wird auf der Grundlage zuverlässiger und hochwertiger Erfahrungen beim Menschen eingestuft.

2. Wurde das Gemisch selbst nicht auf seine Aspirationsgefahr geprüft, liegen jedoch ausreichende Daten über seine einzelnen Bestandteile und über ähnliche geprüfte Gemische vor, dann sind diese Daten nach Maßgabe der Übertragungsgrundsätze (s. Kap. 2.5.3) zu verwenden. Wird der für das Verdünnungsprinzip geltende Übertragungsgrundsatz angewandt, dann muss die Konzentration des aspirationstoxischen Stoffs mindestens 10 % betragen.

3. Einstufung von Gemischen, wenn Daten für alle oder nur manche Bestandteile des Gemischs vorliegen

Das Gemisch wird in die Kategorie 1 eingestuft,

- wenn es einen oder mehrere als aspirationstoxisch eingestufte Stoffe enthält, die insgesamt in einer Konzentration von mindestens 10 % vorliegen, *und*
- wenn es eine bei 40 °C gemessene kinematische Viskosität von maximal 20,5 mm^2/s aufweist.

Besteht ein Gemisch aus zwei oder mehr nicht vermischten Schichten, von denen eine diesen Bedingungen genügt, wird das gesamte Gemisch in die Kategorie 1 eingestuft.

---

[13] Die dynamische Viskosität ist wie folgt in die kinematische Viskosität umzurechnen:

$$\frac{\text{dynamische Viskosität [mPa s]}}{\text{Dichte [g/cm}^3\text{]}} = \text{kinematische Viskosität [mm}^2\text{/s]}$$

4 Umweltgefahren

4.1 Einstufungskriterien der Gefahrenklasse „Gewässergefährdend"

Stoffe und Gemische werden aufgrund ihrer Gefahren für die aquatische Umwelt als gewässergefährdend eingestuft. Die aquatische Umwelt umfasst die Organismen, die im Wasser leben, und das Ökosystem, zu dem sie gehören. Die Ermittlung der kurzfristigen und langfristigen Gefahren beruht auf der aquatischen Toxizität des Stoffs oder Gemischs, also auf deren Giftwirkung gegenüber Wasserorganismen. Im Allgemeinen werden Toxizitätsdaten für Fische, Krebstiere und Algen bzw. andere Wasserpflanzen herangezogen, um Aussagen über das Umweltverhalten zu machen. Fische, Krebstiere und Algen werden als Vertreter verschiedener Trophieebenen innerhalb der Nahrungskette in einem Gewässer untersucht (Algen als Produzenten, Krebstiere als Primärkonsumenten, Fische als Sekundärkonsumenten).

Aus akuten Toxizitätstests mit einer Versuchsdauer von meist 48 bis 96 Stunden gewinnt man Parameter wie die LC_{50}- bzw. EC_{50}-Werte, die Aussagen zu kurzfristig auftretenden Schädigungen erlauben. Da schädigende Effekte aber häufig erst nach längerer Exposition gegenüber einem Schadstoff auftreten, stützt sich die Bewertung vorzugsweise auf längerfristige Toxizitätstests, mit denen in der Regel die sogenannten NOEC-Werte (No Observed Effect Concentration) ermittelt werden. Informationen über das Abbau- und Bioakkumulationsverhalten sind ebenfalls zu berücksichtigen, falls dies angezeigt ist (s. Übersicht 4.1). Detaillierte Informationen über Quellen, Verfügbarkeit und Qualität von Daten enthält der „Guidance on the Application of CLP Criteria", Abschnitt 4.1.3.1.

Übersicht 4.1: Grundelemente für die Einstufung aufgrund von Gefahren für die aquatische Umwelt

- akute aquatische Toxizität
- chronische aquatische Toxizität
- potenzielle oder tatsächliche Bioakkumulation
- Abbau (biotisch oder abiotisch) bei organischen Chemikalien

Im Kern besteht das Einstufungssystem aus einer Kategorie für die kurzfristige (akute) Gefahr und drei Kategorien für langfristige (chronische) Gefahren, wobei die Einstufungskategorien „kurzfristig (akut)" und „langfristig (chronisch) gewässergefährdend" unabhängig voneinander verwendet werden. Hinzu kommt eine weitere Kategorie, die die Funktion eines „Sicherheitsnetzes" erfüllt. Sie wird verwendet, wenn die verfügbaren Daten formal keine Einstufung in eine der Kategorien Akut 1 oder Chronisch 1 bis 3 erlauben, aber trotzdem Anlass zur Besorgnis besteht.

Als Kriterien für die Einstufung in die Kategorie Akut 1 dienen ausschließlich Daten über die akute aquatische Toxizität (EC_{50} oder LC_{50}). Da sehr viel weniger Daten zur chronischen als zur akuten Toxizität vorliegen, kombiniert man zur Festlegung der chronischen Toxizität akute Toxizitätsdaten mit Informationen über die Abbaubarkeit und/oder über die mögliche oder tatsächliche Bioakkumulation. Das Vorgehen bei der Einstufung in die Kategorien Chronisch 1 bis 3 folgt einem Stufenkonzept:

- In den beiden ersten Stufen wird geprüft, ob die vorliegenden Informationen über die chronische Toxizität eine Einstufung aufgrund einer langfristigen Gefahr rechtfertigen.

- Sind keine geeigneten Daten über die chronische Toxizität verfügbar, werden im nächsten Schritt die Daten über die akute aquatische Toxizität und die Daten über Verbleib und Verhalten in der Umwelt (Abbaubarkeit und Bioakkumulation) verknüpft (s. Übersicht 4.3 auf S. 71).

4 Umweltgefahren

Die Kriterien für die Einstufung von Stoffen als gewässergefährdend und die Zuordnung zu den Kategorien sind in Tabelle 4.2 zusammengefasst.

Tabelle 4.2: Kategorien für die Einstufung als gewässergefährdend

a) Gewässergefährdend, kurzfristige (akute) Wirkung	
Kategorie Akut 1, H400[1)	
96 h LC_{50} (für Fische)	≤ 1 mg/l und/oder
48 h EC_{50} (für Krebstiere)	≤ 1 mg/l und/oder
72 h oder 96 h ErC_{50} (für Algen oder andere Wasserpflanzen)[2)	≤ 1 mg/l
b) Gewässergefährdend, langfristige (chronische) Wirkung	
i) Nicht schnell abbaubare Stoffe[3), über die geeignete Daten zur chronischen Toxizität vorliegen	
Kategorie Chronisch 1, H410[1)	
chron. NOEC oder EC_x (für Fische)	≤ 0,1 mg/l und/oder
chron. NOEC oder EC_x (für Krebstiere)	≤ 0,1 mg/l und/oder
chron. NOEC oder EC_x (für Algen oder andere Wasserpflanzen)	≤ 0,1 mg/l
Kategorie Chronisch 2, H411	
chron. NOEC oder EC_x (für Fische)	> 0,1 bis ≤ 1 mg/l und/oder
chron. NOEC oder EC_x (für Krebstiere)	> 0,1 bis ≤ 1 mg/l und/oder
chron. NOEC oder EC_x (für Algen oder andere Wasserpflanzen)	> 0,1 bis ≤ 1 mg/l
ii) Schnell abbaubare Stoffe[3), über die geeignete Daten zur chronischen Toxizität vorliegen	
Kategorie Chronisch 1, H410[1)	
chron. NOEC oder EC_x (für Fische)	≤ 0,01 mg/l und/oder
chron. NOEC oder EC_x (für Krebstiere)	≤ 0,01 mg/l und/oder
chron. NOEC oder EC_x (für Algen oder andere Wasserpflanzen)	≤ 0,01 mg/l
Kategorie Chronisch 2, H411	
chron. NOEC oder EC_x (für Fische)	> 0,01 bis ≤ 0,1 mg/l und/oder
chron. NOEC oder EC_x (für Krebstiere)	> 0,01 bis ≤ 0,1 mg/l und/oder
chron. NOEC oder EC_x (für Algen oder andere Wasserpflanzen)	> 0,01 bis ≤ 0,1 mg/l
Kategorie Chronisch 3, H412	
chron. NOEC oder EC_x (für Fische)	> 0,1 bis ≤ 1 mg/l und/oder
chron. NOEC oder EC_x (für Krebstiere)	> 0,1 bis ≤ 1 mg/l und/oder
chron. NOEC oder EC_x (für Algen oder andere Wasserpflanzen)	> 0,1 bis ≤ 1 mg/l
iii) Stoffe, über die keine geeigneten Daten zur chronischen Toxizität vorliegen	
Kategorie Chronisch 1, H410[1)	
96 h LC_{50} (für Fische)	≤ 1 mg/l und/oder
48 h EC_{50} (für Krebstiere)	≤ 1 mg/l und/oder
72 h oder 96 h ErC_{50} (für Algen oder andere Wasserpflanzen)[2)	≤ 1 mg/l
und der Stoff ist nicht schnell abbaubar und/oder der experimentell bestimmte BCF beträgt ≥ 500 (oder wenn nicht vorhanden log K_{ow} ≥ 4).[3)	

Umweltgefahren 4

Kategorie Chronisch 2, H411
96 h LC_{50} (für Fische) $\quad\quad\quad\quad\quad\quad\quad\quad\quad\quad\quad\quad\quad\quad\quad\quad\quad\quad\quad\quad\quad\quad$ > 1 bis ≤ 10 mg/l und/oder
48 h EC_{50} (für Krebstiere) $\quad\quad\quad\quad\quad\quad\quad\quad\quad\quad\quad\quad\quad\quad\quad\quad\quad\quad\quad\quad$ > 1 bis ≤ 10 mg/l und/oder
72 h oder 96 h ErC_{50} (für Algen oder andere Wasserpflanzen)[2)] $\quad\quad\quad\quad\quad$ > 1 bis ≤ 10 mg/l
und der Stoff ist nicht schnell abbaubar und/oder der experimentell bestimmte BCF beträgt ≥ 500 (oder wenn nicht vorhanden log K_{ow} ≥ 4).[3)]
Kategorie Chronisch 3, H412
96 h LC_{50} (für Fische) $\quad\quad\quad\quad\quad\quad\quad\quad\quad\quad\quad\quad\quad\quad\quad\quad\quad\quad\quad\quad\quad\;\;$ > 10 bis ≤ 100 mg/l und/oder
48 h EC_{50} (für Krebstiere) $\quad\quad\quad\quad\quad\quad\quad\quad\quad\quad\quad\quad\quad\quad\quad\quad\quad\quad\quad\;$ > 10 bis ≤ 100 mg/l und/oder
72 h oder 96 h ErC_{50} (für Algen oder andere Wasserpflanzen)[2)] $\quad\quad\quad\quad$ > 10 bis ≤ 100 mg/l
und der Stoff ist nicht schnell abbaubar und/oder der experimentell bestimmte BCF beträgt ≥ 500 (oder wenn nicht vorhanden log K_{ow} ≥ 4).[3)]
Einstufung wegen wahrscheinlicher Gefahr („Sicherheitsnetz")
Kategorie Chronisch 4, H413
Fälle, in denen die verfügbaren Daten eine Einstufung nach den vorgenannten Kriterien nicht erlauben, aber trotzdem Anlass zu Besorgnis besteht. Dazu gehören beispielsweise schwer lösliche Stoffe, die in Bereichen bis zur Wasserlöslichkeit keine akute Toxizität zeigen[4)], die gemäß CLP Abschnitt 4.1.2.9.5. nicht schnell abbaubar sind und einen experimentell bestimmten BCF von ≥ 500 (oder wenn nicht vorhanden einen log K_{ow} von ≥ 4) aufweisen, was auf ein Bioakkumulationspotenzial hindeutet; sie werden in diese Kategorie eingestuft, sofern sonstige wissenschaftliche Erkenntnisse eine Einstufung nicht als unnötig belegen. Solche Erkenntnisse sind beispielsweise NOEC-Werte für chronische Toxizität > Wasserlöslichkeit oder > 1 mg/l oder ein Nachweis über einen schnellen Abbau in der Umwelt, die nicht durch eines der in CLP Abschnitt 4.1.2.9.5. aufgeführten Verfahren erbracht werden.

[1)] Bei der Einstufung von Stoffen in die Kategorien Akut 1 und/oder Chronisch 1 muss ein entsprechender Multiplikationsfaktor angegeben werden (s. Tab. 4.7 in Kap. 4.2.3).
[2)] Die Einstufung erfolgt auf der Grundlage der ErC_{50} [= EC_{50} (Wachstumsrate)]. Ist die Grundlage der EC_{50} nicht angegeben oder wird keine ErC_{50} berichtet, hat die Einstufung auf dem niedrigsten verfügbaren EC_{50}-Wert zu basieren.
[3)] Liegen keine verwertbaren, entweder experimentell bestimmten oder geschätzten Daten über die Abbaubarkeit vor, sollte der Stoff als nicht schnell abbaubar behandelt werden.
[4)] „Keine akute Toxizität" bedeutet, dass der/die $L(E)C_{50}$-Wert(e) über der Wasserlöslichkeit liegt/-en. Auch für schwer lösliche Stoffe (Wasserlöslichkeit < 1 mg/l), bei denen belegt ist, dass die Prüfung auf akute Toxizität kein echtes Maß für die intrinsische Toxizität ergibt.

Aquatische Toxizität

Zur Bestimmung der akuten aquatischen Toxizität werden in der Regel die Prüfungen

- 96 h LC_{50} (Fisch)
- 48 h EC_{50} (Krebstier)
- 72 h bzw. 96 h EC_{50} (Alge)

durchgeführt. Fische, Krebstiere und Algen werden stellvertretend für alle Wasserorganismen betrachtet. Während bei den Fischen in der Praxis eine ganze Reihe von Arten wie z. B. Goldorfe oder Zebrabärbling als Testorganismen eingesetzt werden, werden für die Primärkonsumenten standardmäßig häufig Daphnien (Wasserflöhe) sowie für die Produzenten Grünalgen wie z. B. Scenedesmus-Arten getestet. Daten von anderen Spezies sind bei geeigneter Testmethodik ebenfalls zu berücksichtigen.

Ein Stoff wird in die Kategorie Akut 1 eingestuft, wenn der niedrigste verfügbare Toxizitätswert

- aller trophischen Ebenen sowie
- innerhalb der einzelnen trophischen Ebenen

unterhalb des Grenzwertes nach Tabelle 4.2 Buchstabe a) liegt.

4 Umweltgefahren

Zu den langfristigen Wirkungen liegen im Allgemeinen sehr viel weniger Daten vor als zur akuten Toxizität. Je nach Stoffeigenschaften, insbesondere Abbaubarkeit, und Datenlage gelten unterschiedliche Kriterien für die Einstufung hinsichtlich der chronischen Toxizität. Liegen geeignete Daten zur chronischen Toxizität vor, idealerweise zu allen drei Trophieebenen, gelten die Grenzwerte der Tabelle 4.2, Buchstabe b, Ziffer i) für nicht schnell abbaubare bzw. Ziffer ii) für schnell abbaubare Stoffe. Verfügt man nicht über geeignete Daten zur chronischen aquatischen Toxizität, werden vorhandene Daten zur akuten Toxizität mit den Informationen zur Abbaubarkeit und zur Biokonzentration kombiniert. Übersicht 4.3 stellt das Vorgehen schematisch dar.

Bioakkumulation

Unter **Bioakkumulation** versteht man die Anreicherung von Stoffen in biologischem Material.

Die Bioakkumulation von Stoffen in Wasserorganismen kann über längere Zeiträume toxische Wirkungen verursachen, auch wenn die tatsächlichen Konzentrationswerte im Wasser niedrig sind. Ein Maß für die Bioakkumulation ist entweder der experimentell bestimmte BCF (Biokonzentrationsfaktor) oder der log K_{OW} eines Stoffs, der sich ebenfalls experimentell bestimmen oder mittels QSAR abschätzen lässt. Der n-Octanol-Wasser-Verteilungskoeffizient (K_{OW}) ist ein Maß für die Lipophilie (Fettlöslichkeit) eines Stoffs. Je höher der K_{OW}-Wert ist, desto mehr neigt ein Stoff dazu, sich im Fettgewebe von Organismen anzureichern. Der K_{OW}-Wert wird daher häufig zur Bestimmung der Biokonzentration nicht-ionisierter organischer Stoffe verwendet, die im Organismus nur einer minimalen Metabolisierung oder Biotransformation unterliegen.

Für Einstufungszwecke wurde ein Berücksichtigungsgrenzwert von log $K_{OW} \geq 4$ festgesetzt. Ein Indiz für das Biokonzentrationspotenzial ist ein BCF bei Fisch > 500 (s. Tab. 4.2).

Die beiden Werte, BCF und log K_{OW}, korrelieren miteinander. Liegen für beide Parameter Werte vor, dann ist bei der Einstufung der Biokonzentrationsfaktor BCF zu berücksichtigen.

Das Bioakkumulationspotenzial ist stoffspezifisch und kann nur für die einzelnen Bestandteile, nicht für ein Gemisch bestimmt werden.

Abbaubarkeit

Die **Abbaubarkeit** ist ein weiterer Faktor, der die chronische Toxizität beeinflusst. Stoffe, die schnell abgebaut werden, werden rasch aus der Umwelt entfernt. Mögliche schädliche Wirkungen bleiben daher örtlich begrenzt und sind von kurzer Dauer. Langlebige Stoffe können dagegen im Wasser langfristig und großräumig toxisch wirken. Wann Stoffe als schnell abbaubar gelten, ist anhand bestimmter Kriterien festgelegt.

Als Grundregel kann man sich merken: Nicht schnell abbaubare (persistente) Stoffe, die ggf. auch noch bioakkumulativ sind, sind potenziell gefährlicher als schnell abbaubare Stoffe. Daher gibt es unterschiedliche Grenzwerte für die Einstufung hinsichtlich der chronischen aquatischen Toxizität nach Tabelle 4.2.

Für Gemische werden Prüfungen zur Abbaubarkeit nicht verwendet. Man kann sie zwar durchführen, aber die Ergebnisse sind schwierig zu interpretieren und werden daher für Einstufungszwecke nicht herangezogen (s. auch Kap. 4.2.1).

Auf anorganische Verbindungen und Metalle ist das Konzept der Abbaubarkeit nicht anwendbar. Sie werden durch chemische Vorgänge umgewandelt. Die Reaktionsprodukte können mehr oder weniger toxisch sein als die Ausgangsprodukte.

Obwohl Daten zur Löslichkeit und Stabilität bzw. Hydrolyse bei den Einstufungskriterien nicht direkt genannt sind, spielen sie dennoch eine wichtige Rolle bei der Interpretation der anderen Daten. Sie gehören daher zu den Grunddaten, die vor der Einstufung erhoben werden sollten.

Umweltgefahren 4

Mehr Informationen zu den Einstufungskriterien für Stoffe und zur Erhebung und Bewertung der Daten finden sich in CLP Anhang I Abschnitt 4.1.2; eine ausführliche Anleitung enthält der „Guidance on the Application of CLP Criteria", Abschnitt 4.1 und Anhänge I bis IV.

Übersicht 4.3: Kategorien für langfristig (chronisch) gewässergefährdende Stoffe

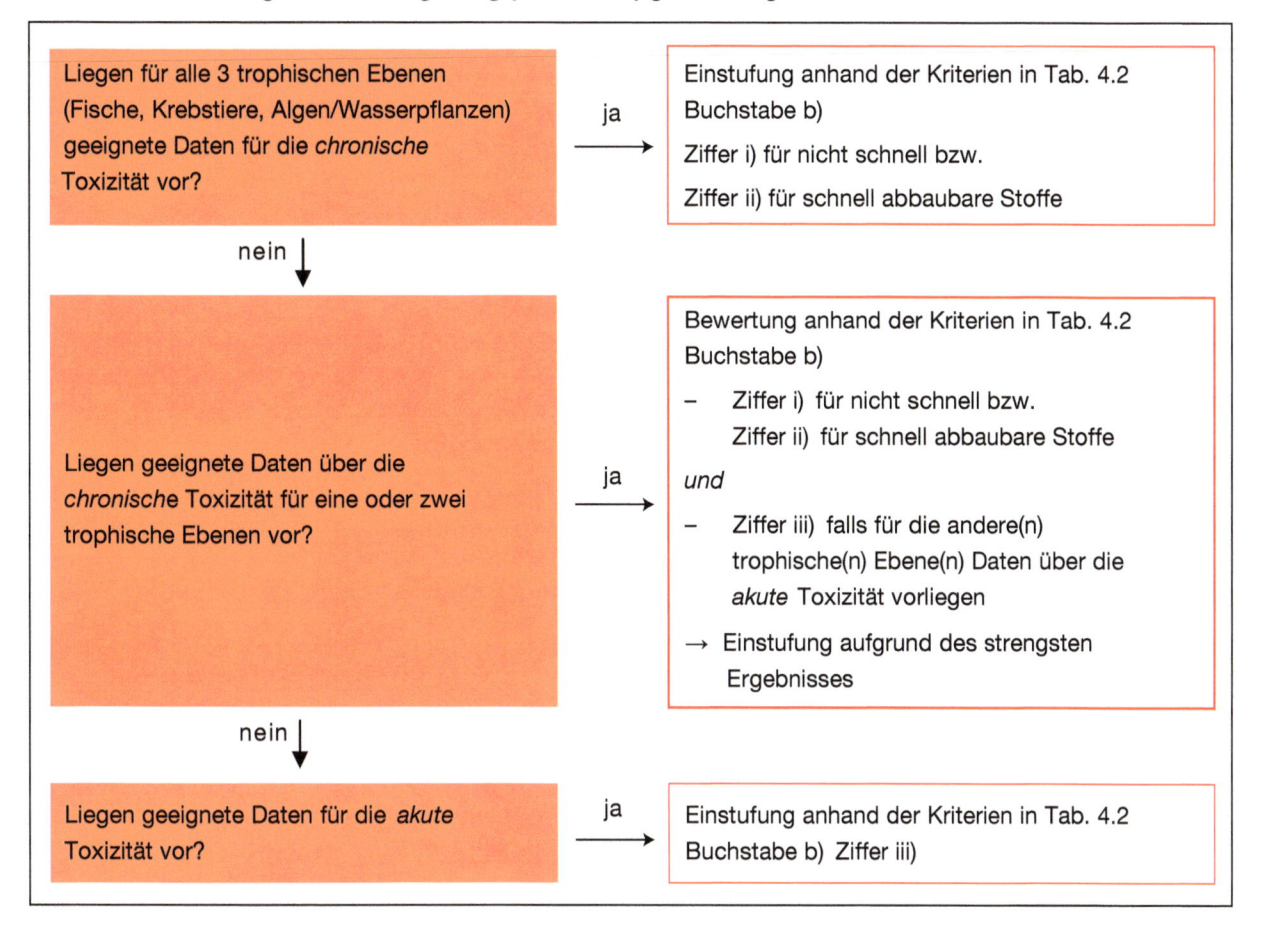

Liegen für alle 3 trophischen Ebenen (Fische, Krebstiere, Algen/Wasserpflanzen) geeignete Daten für die *chronische* Toxizität vor?	ja →	Einstufung anhand der Kriterien in Tab. 4.2 Buchstabe b) Ziffer i) für nicht schnell bzw. Ziffer ii) für schnell abbaubare Stoffe
nein ↓		
Liegen geeignete Daten über die *chronische* Toxizität für eine oder zwei trophische Ebenen vor?	ja →	Bewertung anhand der Kriterien in Tab. 4.2 Buchstabe b) – Ziffer i) für nicht schnell bzw. Ziffer ii) für schnell abbaubare Stoffe *und* – Ziffer iii) falls für die andere(n) trophische(n) Ebene(n) Daten über die *akute* Toxizität vorliegen → Einstufung aufgrund des strengsten Ergebnisses
nein ↓		
Liegen geeignete Daten für die *akute* Toxizität vor?	ja →	Einstufung anhand der Kriterien in Tab. 4.2 Buchstabe b) Ziffer iii)

4.2 Einstufung von Gemischen in die Gefahrenklasse „Gewässergefährdend"

Im Allgemeinen beruht die Einstufung von Gemischen hinsichtlich ihrer Gefahren für die Umwelt auf den Daten für die einzelnen Bestandteile. Die Anteile der gefährlichen Bestandteile werden summiert und führen so zur Einstufung in eine Kategorie. Liegen allerdings geeignete Daten für das Gemisch als Ganzes vor, so sind diese zu verwenden. Auch ist die Anwendung der Übertragungsgrundsätze den Rechenverfahren vorzuziehen, wenn Daten für ähnliche geprüfte Gemische vorliegen.

Die Einstufung von Gemischen ist also ein mehrstufiger Prozess und von der Art der Information abhängig, die zu dem Gemisch selbst und zu seinen Bestandteilen verfügbar ist. Das Vorgehen ist in der Übersicht 4.4 dargestellt. Vor der Einstufung sind alle verfügbaren Daten zur Zusammensetzung des Gemischs und zu den Eigenschaften und Einstufungen seiner Bestandteile zu sammeln.

4 Umweltgefahren

Übersicht 4.4: Mehrstufiges Verfahren zur Einstufung von Gemischen nach ihrer kurzfristigen (akuten) und langfristigen (chronischen) Gewässergefährdung

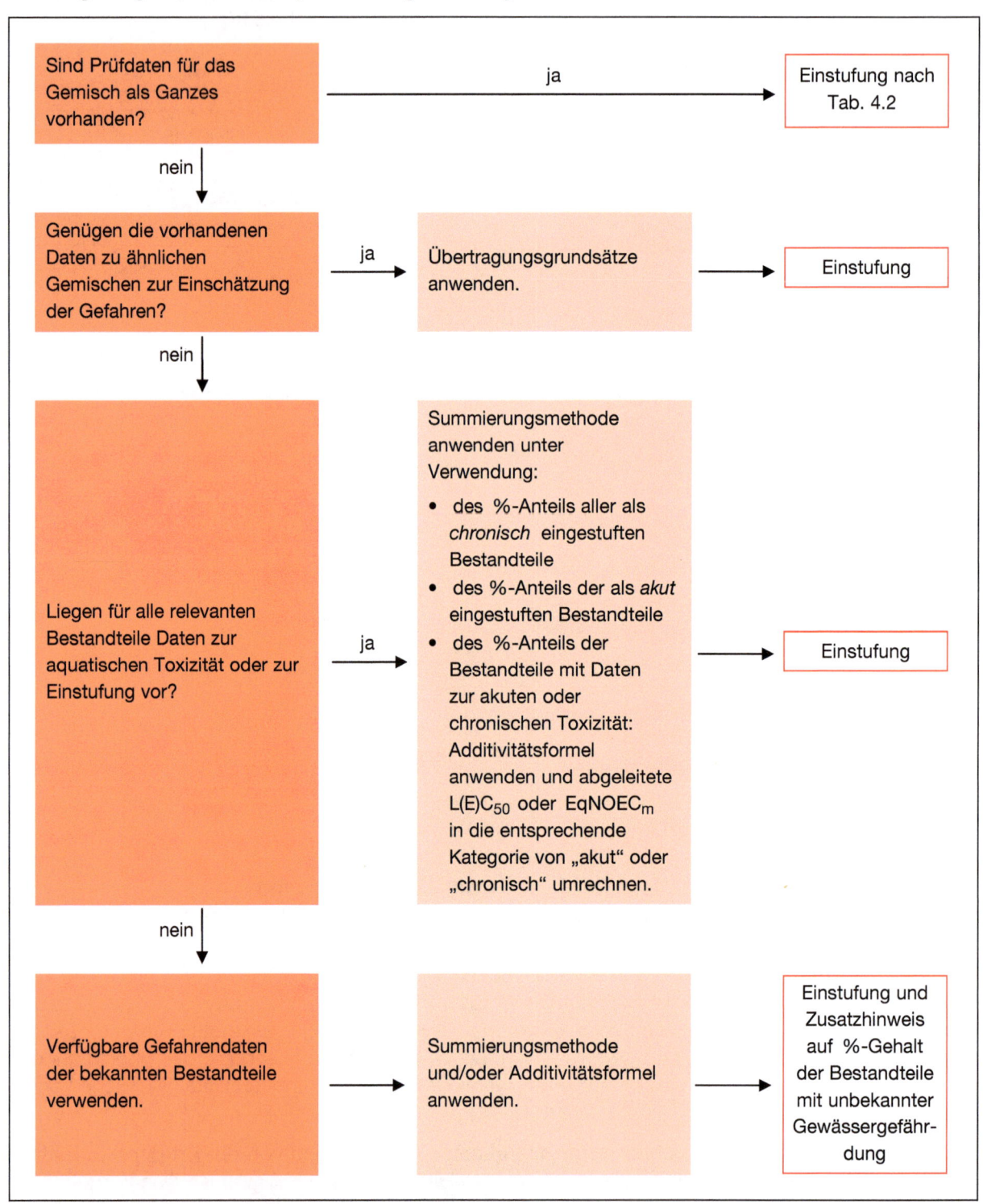

```
┌─────────────────────────┐                                              ┌─────────────────┐
│ Sind Prüfdaten für das  │              ja                              │ Einstufung nach │
│ Gemisch als Ganzes      │ ───────────────────────────────────────────▶ │    Tab. 4.2     │
│ vorhanden?              │                                              └─────────────────┘
└─────────────────────────┘
           │ nein
           ▼
┌─────────────────────────┐      ┌──────────────────────┐
│ Genügen die vorhandenen │      │                      │
│ Daten zu ähnlichen      │  ja  │ Übertragungsgrundsätze│        ┌──────────────┐
│ Gemischen zur Einschätz-│ ───▶ │ anwenden.            │ ─────▶ │  Einstufung  │
│ ung der Gefahren?       │      │                      │        └──────────────┘
└─────────────────────────┘      └──────────────────────┘
           │ nein
           ▼
┌─────────────────────────┐      Summierungsmethode
│                         │      anwenden unter
│                         │      Verwendung:
│                         │
│                         │      • des %-Anteils aller als
│                         │        chronisch eingestuften
│                         │        Bestandteile
│ Liegen für alle relevan-│      • des %-Anteils der als akut
│ ten Bestandteile Daten  │  ja    eingestuften Bestandteile          ┌──────────────┐
│ zur aquatischen         │ ───▶ • des %-Anteils der             ───▶ │  Einstufung  │
│ Toxizität oder zur      │        Bestandteile mit Daten             └──────────────┘
│ Einstufung vor?         │        zur akuten oder
│                         │        chronischen Toxizität:
│                         │        Additivitätsformel
│                         │        anwenden und abgeleitete
│                         │        $L(E)C_{50}$ oder $EqNOEC_m$
│                         │        in die entsprechende
│                         │        Kategorie von „akut" oder
│                         │        „chronisch" umrechnen.
└─────────────────────────┘
           │ nein
           ▼
┌─────────────────────────┐      ┌──────────────────────┐           ┌──────────────────┐
│ Verfügbare Gefahrendaten│      │ Summierungsmethode   │           │ Einstufung und   │
│ der bekannten Bestand-  │ ───▶ │ und/oder Additivitäts-│ ───────▶ │ Zusatzhinweis    │
│ teile verwenden.        │      │ formel anwenden.     │           │ auf %-Gehalt     │
│                         │      │                      │           │ der Bestandteile │
│                         │      │                      │           │ mit unbekannter  │
│                         │      │                      │           │ Gewässergefähr-  │
│                         │      │                      │           │ dung             │
└─────────────────────────┘      └──────────────────────┘           └──────────────────┘
```

Umweltgefahren 4

4.2.1 Einstufung von Gemischen, wenn Daten für das komplette Gemisch vorliegen

Wurde das Gemisch als Ganzes auf seine aquatische Toxizität geprüft, können diese Informationen zur Einstufung des Gemischs nach den für Stoffe festgelegten Kriterien verwendet werden (s. Kap. 4.1). Die Prüfung von Gemischen ist jedoch sehr kompliziert (und teuer); schwierig sind sowohl die Versuchsdurchführung als auch die Interpretation der Ergebnisse. Daher liegen in der Praxis nur selten Daten für Gemische vor. Im Allgemeinen werden aus diesen Gründen die Rechenmethoden (s. Kap. 4.2.3) bevorzugt.

Zusätzlich zu den Toxizitätsdaten für Fische, Krebstiere und Algen/Pflanzen müssen Informationen zur Abbaubarkeit und in manchen Fällen auch zur Bioakkumulation bekannt sein. Prüfungen zur Abbaubarkeit und Bioakkumulation werden für Gemische nicht verwendet, weil sie in der Regel schwierig zu interpretieren sind und ggf. nur für Einzelstoffe aussagekräftig sein können. Ein Gemisch wird dann als schnell abbaubar eingeschätzt und entsprechend Buchstabe b Ziffer ii in Tabelle 4.2 eingestuft, wenn alle Bestandteile des Gemischs schnell abbaubar sind. In allen übrigen Fällen ist das Gemisch als nicht schnell abbaubar anzusehen und entsprechend Buchstabe b Ziffer i in Tabelle 4.2 einzustufen. Das Vorgehen bei der Einstufung, wenn Daten für das komplette Gemisch vorliegen, illustrieren das Beispiel 4.1 und die Übersicht 4.5.

Beispiel 4.1: Einstufung auf der Grundlage von experimentellen Daten für das Gemisch als Ganzes

Akute Toxizität des Gemischs	Testorganismen	$L(E)C_{50}$	Testmethode (VO (EG) Nr. 440/2008) oder OECD
Fisch (96 h LC_{50})	Cyprinus carpio	19 mg/l	C.1 / statisch, GLP
Krebstiere (48 h EC_{50})	Daphnia magna	3,5 mg/l	C.2 / statisch, GLP
Algen/Wasserpflanzen (72 h oder 96 h ErC_{50})	Scenedesmus subspicatus	15 mg/l	C.3 / statisch, GLP
Chronische Toxizität des Gemischs	Testorganismen	$NOEC/EC_x$	Testmethode (VO (EG) Nr. 440/2008) oder OECD
Fisch (12 d NOEC)	Cyprinus carpio	0,09 mg/l	OECD 210 / Early life Stage, flow through, GLP
Krebstiere (21 d NOEC)	Daphnia magna	0,05 mg/l	C.20 / semi-statisch, GLP
Algen/Wasserpflanzen (96 h NOEC)	Scenedesmus subspicatus	1,5 mg/l	C.3 / statisch, GLP

In diesem Beispiel besteht das Gemisch aus zwei Bestandteilen, deren Einstufung bekannt ist. Doch stehen sowohl für die akute als auch für die chronische Toxizität gemessene Daten für alle drei Trophieebenen, also für Fische, Krebstiere und Algen, zur Verfügung. Es ist daher nicht notwendig, die Einstufungen der einzelnen Bestandteile zur Bewertung heranzuziehen.

Prüfung auf Akute Toxizität:

Alle gemessenen Werte zur akuten Toxizität, LC_{50}, EC_{50} und ErC_{50}, sind größer als die Grenzwerte nach Tabelle 4.2 Buchstabe a).

→ Das Gemisch ist nicht als gewässergefährdend, Kategorie Akut 1 einzustufen.

4 Umweltgefahren

Prüfung auf Chronische Toxizität:

Die gemessenen Toxizitätswerte für Fische, Krebstiere und Algen sind mit den Grenzwerten der Tabelle 4.2 Buchstabe b) zu vergleichen. Da über die Abbaubarkeit keine Informationen vorliegen, muss angenommen werden, dass das Gemisch nicht schnell abbaubar ist. Aus diesem Grund kommen die Grenzwerte der Tabelle 4.2 Buchstabe b) Ziffer i) zum Einsatz. Es gibt zwei experimentell ermittelte NOEC-Werte für Cyprinus carpio und Daphnia magna, die kleiner sind als 0,1 mg/l, also unterhalb der Grenzwerte für die Einstufung in Kategorie 1 liegen.

→ Das Gemisch wird als gewässergefährdend in die Kategorie Chronisch 1 eingestuft.

Es ist mit dem Piktogramm „Umwelt", dem Signalwort „Achtung", dem Gefahrenhinweis H410 und den Sicherheitshinweisen P273, P391 und P501 zu kennzeichnen.

Übersicht 4.5: Vorgehen bei der Einstufung, wenn Daten für das komplette Gemisch vorliegen

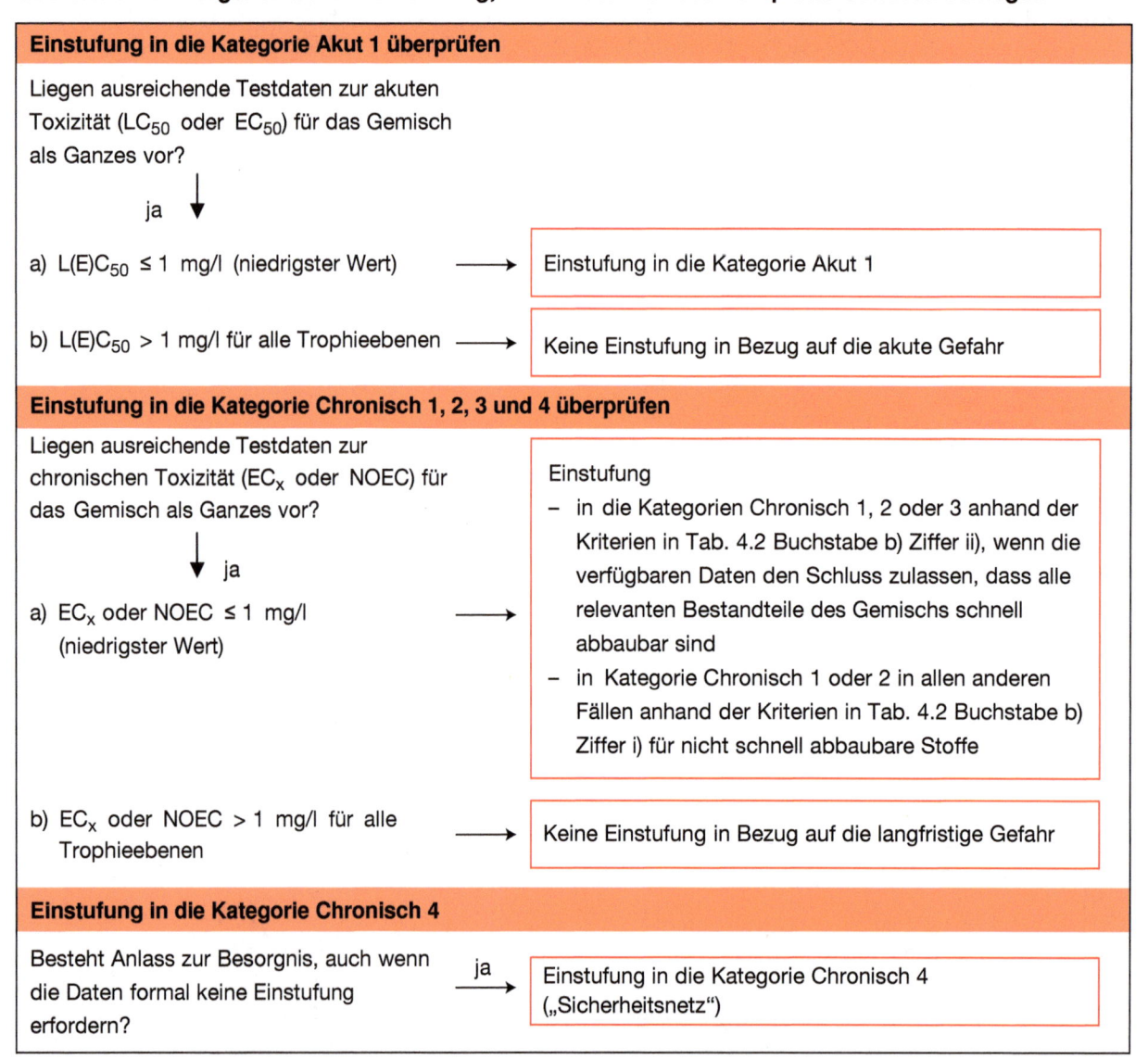

Einstufung in die Kategorie Akut 1 überprüfen	
Liegen ausreichende Testdaten zur akuten Toxizität (LC_{50} oder EC_{50}) für das Gemisch als Ganzes vor? ↓ ja	
a) $L(E)C_{50} \leq 1$ mg/l (niedrigster Wert) →	Einstufung in die Kategorie Akut 1
b) $L(E)C_{50} > 1$ mg/l für alle Trophieebenen →	Keine Einstufung in Bezug auf die akute Gefahr
Einstufung in die Kategorie Chronisch 1, 2, 3 und 4 überprüfen	
Liegen ausreichende Testdaten zur chronischen Toxizität (EC_x oder NOEC) für das Gemisch als Ganzes vor? ↓ ja	Einstufung
a) EC_x oder NOEC ≤ 1 mg/l (niedrigster Wert) →	– in die Kategorien Chronisch 1, 2 oder 3 anhand der Kriterien in Tab. 4.2 Buchstabe b) Ziffer ii), wenn die verfügbaren Daten den Schluss zulassen, dass alle relevanten Bestandteile des Gemischs schnell abbaubar sind – in Kategorie Chronisch 1 oder 2 in allen anderen Fällen anhand der Kriterien in Tab. 4.2 Buchstabe b) Ziffer i) für nicht schnell abbaubare Stoffe
b) EC_x oder NOEC > 1 mg/l für alle Trophieebenen →	Keine Einstufung in Bezug auf die langfristige Gefahr
Einstufung in die Kategorie Chronisch 4	
Besteht Anlass zur Besorgnis, auch wenn die Daten formal keine Einstufung erfordern? — ja →	Einstufung in die Kategorie Chronisch 4 („Sicherheitsnetz")

Umweltgefahren 4

4.2.2 Übertragungsgrundsätze

Wurde das Gemisch selbst nicht geprüft, liegen jedoch ausreichend Daten über seine einzelnen Bestandteile und über ähnliche geprüfte Gemische vor, dann sind diese Daten nach Maßgabe der Übertragungsgrundsätze (s. Kap. 2.5.3) zu verwenden.

Entsteht ein Gemisch durch Verdünnung eines anderen geprüften Gemischs oder eines geprüften Stoffs mit Wasser oder einem anderen völlig ungiftigen Material, kann die Toxizität des Gemischs anhand des unverdünnten Gemischs oder des unverdünnten Stoffs errechnet werden.

> **Beispiel 4.2: Anwendung des Übertragungsgrundsatzes bei Verdünnung mit Wasser**
>
> Das Ausgangsgemisch wurde geprüft und weist die folgenden Toxizitätsdaten auf:
>
> LC_{50} 0,5 mg/l
> NOEC   0,07 – < 0,1 mg/l.
>
> Damit ist es in die Kategorien Akut 1 und Chronisch 1 eingestuft.
>
> Das Gemisch wird mit Wasser um den Faktor 10 verdünnt. Das neu entstandene Gemisch ist einzustufen. Seine Toxizität kann anhand der Toxizitätsdaten des ursprünglichen Gemischs berechnet werden:
>
> *Prüfung auf Akute Toxizität:*
>
> $LC_{50} = 0{,}5 \times 10 = 5$ mg/l
>
> → Keine Einstufung in die Kategorie Akut 1.
>
> *Prüfung auf Chronische Toxizität:*
>
> NOEC = $(0{,}07 \times 10)$ bis $(< 0{,}1 \times 10)$: Die NOEC-Werte liegen zwischen 0,7 und < 1 mg/l.
>
> → Einstufung in die Kategorie Chronisch 2.

4.2.3 Einstufung von Gemischen, wenn Daten für einige oder alle Bestandteile des Gemischs vorliegen

Liegen keine Daten für das Gemisch als Ganzes vor und sind die Übertragungsgrundsätze nicht anwendbar, dann muss das Gemisch mit Hilfe der Informationen über die einzelnen Bestandteile eingestuft werden. Dabei handelt es sich

- in den meisten Fällen um die Einstufung, die für die einzelnen Bestandteile festgelegt wurde. Man findet sie in der Regel im Sicherheitsdatenblatt des jeweiligen Stoffs oder auch im Einstufungs- und Kennzeichnungsverzeichnis der ECHA[14]

  oder

- um die Prüfdaten zur Toxizität der einzelnen Bestandteile.

Im ersten Fall, wenn die Einstufung und die Prozentanteile der eingestuften Bestandteile bekannt sind, kann das Gemisch mit Hilfe der Summierungsmethode eingestuft werden. Die Methode ist sowohl für die akuten als auch die chronischen Gefahren anwendbar.

Stehen lediglich die Prüfdaten einzelner Bestandteile zur Verfügung, wird unter Anwendung der Additivitätsformel ein Toxizitätswert errechnet, aus dem nach der Tabelle 4.2 die entsprechende Kategorie Akut 1 oder Chronisch 1 bis 3 abgeleitet wird. In einem zweiten Schritt wird die abgeleitete Kategorie verwendet, um nach der Summierungsmethode die Einstufung des Gemischs festzulegen.

---

[14] https://echa.europa.eu/de/information-on-chemicals/cl-inventory-database

4 Umweltgefahren

Je nach Datenlage stehen also zwei Berechnungsmethoden zur Verfügung:

Summierungsmethode	Additivitätsformel
Ausgehend von der Einstufung der einzelnen Bestandteile: Akut 1, Chronisch 1–4	Ausgehend von Prüfdaten für alle oder einige Bestandteile: LC_{50}, EC_{50}, ErC_{50}, NOEC, EC_x

Für die Anwendung der Rechenverfahren sind nur die „relevanten" Bestandteile zu berücksichtigen. Als „relevant" gelten alle Bestandteile, die als akut oder chronisch gewässergefährdend eingestuft sind und in einer Konzentration oberhalb des Berücksichtigungsgrenzwertes vorliegen:

Relevante Bestandteile:	als Akut 1 eingestufte Stoffe in einer Konzentration	$\geq 0{,}1$ %*)
	als Chronisch 1 eingestufte Stoffe in einer Konzentration	$\geq 0{,}1$ %*)
	als Chronisch 2, 3 oder 4 eingestufte Stoffe in einer Konzentration	≥ 1 %

*) Wenn Anlass zu der Annahme besteht, dass ein in einer geringeren Konzentration enthaltener Bestandteil dennoch einstufungsrelevant ist, gelten niedrigere Konzentrationsgrenzen. Von diesem Fall ist bei hochtoxischen Stoffen (Stoffen mit einem M-Faktor > 1, vgl. S. 77) in der Regel auszugehen. Für Stoffe mit einem M-Faktor > 1 gilt als Berücksichtigungsgrenzwert eine Konzentration von (0,1/M) %.

4.2.3.1 Summierungsmethode

Bei der Summierungsmethode werden die Konzentrationen der Bestandteile eines Gemischs – unter Berücksichtigung von M-Faktoren und Gewichtungsfaktoren – addiert und das Gemisch entsprechend eingestuft, wenn bestimmte Grenzwerte (s. Tab. 4.6 und 4.7) überschritten werden.

Dabei sind akute und chronische Wirkungen getrennt zu bewerten.

Ein Gemisch ist als kurzfristig gewässergefährdend einzustufen, wenn die Summe der Bestandteile, die als kurzfristig gewässergefährdend eingestuft sind, 25 % erreicht oder übersteigt.

Tabelle 4.6: **Einstufung eines Gemischs nach seiner kurzfristigen (akuten) Gewässergefährdung**

Summe der Bestandteile, die eingestuft sind als:		Gemisch wird eingestuft als:
Akut 1 × M	≥ 25 %	Akut 1, H400

Bei der Einstufung in die Kategorien Chronisch 1 bis 4 werden die einzelnen Gefahrenkategorien schrittweise überprüft. Es werden nacheinander jeweils die Bestandteile des Gemischs betrachtet, die zur Einstufung in die Kategorie Chronisch 1, Chronisch 2 oder Chronisch 3 beitragen. Für die Kategorie Chronisch 1 sind nur die Stoffe zu berücksichtigen, die in diese Kategorie eingestuft sind. Im Falle der Kategorien Chronisch 2 und 3 tragen auch die Stoffe, die in eine höhere Kategorie eingestuft sind, zur Einstufung bei: Es müssen also zur Einstufung in Chronisch 2 alle Stoffe, die als Chronisch 1 oder Chronisch 2 eingestuft sind, und zur Einstufung in Chronisch 3 alle Stoffe, die in Chronisch 1, 2 oder 3 eingestuft sind, einbezogen werden. Das Einstufungsverfahren ist für chronisch toxische Stoffe in dem Moment beendet, in dem eine Einstufung festgestellt wird. Ergibt die Summierungsmethode zum Beispiel, dass das Gemisch als Chronisch 1 einzustufen ist, dann erübrigt sich die Überprüfung der Kategorien Chronisch 2 und 3. Wird ein Gemisch nicht als chronisch 1, 2 oder 3 eingestuft, wird eine Einstufung als chronisch 4 geprüft.

Umweltgefahren 4

Tabelle 4.7: Einstufung eines Gemischs nach seiner langfristigen (chronischen) Gewässergefährdung

Summe der Bestandteile, die eingestuft sind als:		Gemisch wird eingestuft als:
(M x Chronisch 1)	≥ 25 %	Chronisch 1, H410
(M × 10 × Chronisch 1) + Chronisch 2	≥ 25 %	Chronisch 2, H411
(M × 100 × Chronisch 1) + (10 × Chronisch 2) + Chronisch 3	≥ 25 %	Chronisch 3, H412
(Chronisch 1 + Chronisch 2 + Chronisch 3 + Chronisch 4)	≥ 25 %	Chronisch 4, H413

Das Vorgehen bei der Anwendung der Summierungsmethode ist in der Übersicht 4.9 dargestellt. Beispiel 4.3 auf S. 81 illustriert das Vorgehen, wenn die Einstufungen aller Bestandteile eines Gemischs bekannt sind. In dem Beispiel 4.4 auf S. 82 wird die Summierungsmethode mit der Einstufung aufgrund von Daten für das Gemisch selbst kombiniert.

Gemische mit hochtoxischen Bestandteilen – Multiplikationsfaktoren

Eine Besonderheit gilt für Gemische, die hochtoxische Bestandteile enthalten. Man muss davon ausgehen, dass diese Bestandteile auch in niedriger Konzentration zur Toxizität des Gemischs beitragen. Unter diesen Umständen führen die allgemeinen Konzentrationsgrenzwerte bei der Anwendung der Summierungsmethode zu einer zu schwachen Einstufung des Gemischs. Um den hochtoxischen Bestandteilen ein größeres Gewicht zu verleihen, wurden Multiplikationsfaktoren, kurz M-Faktor, eingeführt. Als hochtoxisch gelten Bestandteile, die in die Kategorien Akut 1 und/oder Chronisch 1 eingestuft sind bzw. entsprechende Toxizitätswerte aufweisen:

- akute Toxizität   < 1 mg/l,
- chronische Toxizität < 0,1 mg/l, falls nicht schnell abbaubar, bzw.
    < 0,01 mg/l, falls schnell abbaubar.

Bei der Summierungsmethode wird nun eine gewichtete Summe verwendet: Es werden nicht lediglich die Prozentanteile summiert, sondern die Konzentrationen der hochtoxischen Stoffe werden mit dem M-Faktor multipliziert. M-Faktoren sind stoffspezifisch und werden vom Hersteller oder in Rahmen der harmonisierten Einstufung (CLP Anh. VI Tab. 3) festgelegt. Wenn Toxizitätsdaten vorliegen, kann der M-Faktor im Fall der akuten Toxizität anhand der $L(E)C_{50}$-Werte, im Fall der chronischen Toxizität anhand der NOEC-Werte nach dem Schema in Tabelle 4.8 bestimmt werden.

Wenn möglich, sollten zwei M-Faktoren, einer für die kurzfristige und einer für die langfristige Gefährdung, bestimmt werden. M-Faktoren sind, ebenso wie die stoffspezifischen Konzentrationsgrenzwerte, Bestandteil der Einstufung von Stoffen und müssen wie diese mit der Einstufungskategorie im Sicherheitsdatenblatt angegeben werden.

Tabelle 4.8: Multiplikationsfaktoren für hochtoxische Bestandteile von Gemischen

Akute Toxizität		Chronische Toxizität		
$L(E)C_{50}$-Wert [mg/l]	M-Faktor	NOEC-Wert [mg/l]	M-Faktor für	
			nicht schnell	schnell
			abbaubare Bestandteile	
0,1 < $L(E)C_{50}$ ≤ 1	1	0,01 < NOEC ≤ 0,1	1	–
0,01 < $L(E)C_{50}$ ≤ 0,1	10	0,001 < NOEC ≤ 0,01	10	1
0,001 < $L(E)C_{50}$ ≤ 0,01	100	0,0001 < NOEC ≤ 0,001	100	10
0,0001 < $L(E)C_{50}$ ≤ 0,001	1 000	0,00001 < NOEC ≤ 0,0001	1 000	100
0,00001 < $L(E)C_{50}$ ≤ 0,0001	10 000	0,000001 < NOEC ≤ 0,00001	10 000	1 000
(weiter in Faktor-10-Intervallen)		(weiter in Faktor-10-Intervallen)		

4 Umweltgefahren

Übersicht 4.9: Vorgehen bei der Einstufung mit Hilfe der Summierungsmethode

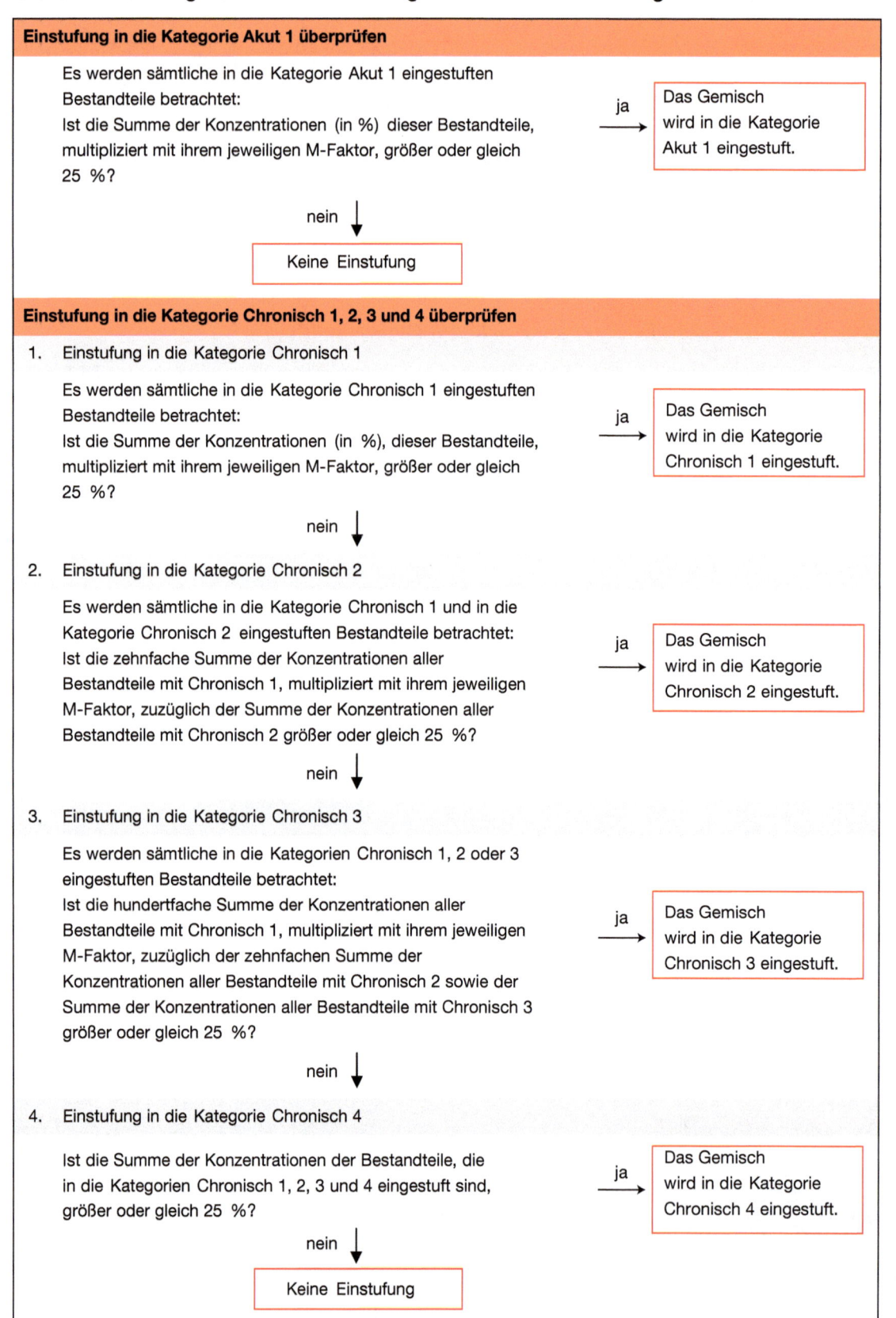

Einstufung in die Kategorie Akut 1 überprüfen

Es werden sämtliche in die Kategorie Akut 1 eingestuften Bestandteile betrachtet:
Ist die Summe der Konzentrationen (in %) dieser Bestandteile, multipliziert mit ihrem jeweiligen M-Faktor, größer oder gleich 25 %?

→ ja → Das Gemisch wird in die Kategorie Akut 1 eingestuft.

↓ nein

Keine Einstufung

Einstufung in die Kategorie Chronisch 1, 2, 3 und 4 überprüfen

1. **Einstufung in die Kategorie Chronisch 1**

   Es werden sämtliche in die Kategorie Chronisch 1 eingestuften Bestandteile betrachtet:
   Ist die Summe der Konzentrationen (in %), dieser Bestandteile, multipliziert mit ihrem jeweiligen M-Faktor, größer oder gleich 25 %?

   → ja → Das Gemisch wird in die Kategorie Chronisch 1 eingestuft.

   ↓ nein

2. **Einstufung in die Kategorie Chronisch 2**

   Es werden sämtliche in die Kategorie Chronisch 1 und in die Kategorie Chronisch 2 eingestuften Bestandteile betrachtet:
   Ist die zehnfache Summe der Konzentrationen aller Bestandteile mit Chronisch 1, multipliziert mit ihrem jeweiligen M-Faktor, zuzüglich der Summe der Konzentrationen aller Bestandteile mit Chronisch 2 größer oder gleich 25 %?

   → ja → Das Gemisch wird in die Kategorie Chronisch 2 eingestuft.

   ↓ nein

3. **Einstufung in die Kategorie Chronisch 3**

   Es werden sämtliche in die Kategorien Chronisch 1, 2 oder 3 eingestuften Bestandteile betrachtet:
   Ist die hundertfache Summe der Konzentrationen aller Bestandteile mit Chronisch 1, multipliziert mit ihrem jeweiligen M-Faktor, zuzüglich der zehnfachen Summe der Konzentrationen aller Bestandteile mit Chronisch 2 sowie der Summe der Konzentrationen aller Bestandteile mit Chronisch 3 größer oder gleich 25 %?

   → ja → Das Gemisch wird in die Kategorie Chronisch 3 eingestuft.

   ↓ nein

4. **Einstufung in die Kategorie Chronisch 4**

   Ist die Summe der Konzentrationen der Bestandteile, die in die Kategorien Chronisch 1, 2, 3 und 4 eingestuft sind, größer oder gleich 25 %?

   → ja → Das Gemisch wird in die Kategorie Chronisch 4 eingestuft.

   ↓ nein

   Keine Einstufung

Umweltgefahren 4

4.2.3.2 Additivitätsformel

Gemische können sowohl Bestandteile enthalten, die bereits als gewässergefährdend eingestuft sind, als auch solche, für die geeignete Prüfdaten zu ihrer Toxizität vorliegen. In diesen Fällen ist die Summierungsmethode nur anwendbar, wenn die Prüfdaten dazu genutzt werden, Einstufungskategorien für den Anteil des Gemischs, für den nur Prüfdaten vorliegen, abzuleiten. Dies geschieht mit Hilfe der Additivitätsformeln. Ihre Anwendung erlaubt es, die Toxizität des nicht eingestuften Anteils des Gemischs zu ermitteln, wobei vorausgesetzt wird, dass sich die Toxizitäten der einzelnen Bestandteile addieren lassen. Dazu sollten natürlich vorzugsweise die Toxizitätswerte addiert werden, die sich auf dieselbe taxonomische Gruppe (Fisch, Krebstiere, Algen) beziehen. Die Addition ergibt einen spezifischen $L(E)C_{50}$- bzw. NOEC-Wert für jede der drei taxonomischen Gruppen. Anhand dieses Wertes wird dann durch Vergleich mit den Einstufungskriterien nach Tabelle 4.2 beurteilt, ob und in welche Kategorie der betrachtete Teil des Gemischs einzustufen ist. Die ermittelte Kategorie ist anschließend bei der Summierungsmethode zu berücksichtigen.

Sind geeignete Toxizitätsdaten für mehr als einen Bestandteil eines Gemischs verfügbar, so wird die kombinierte Toxizität dieser Bestandteile mit Hilfe der nachstehenden Additivitätsformeln 4.0 oder 4.1, je nach Art der Toxizitätsdaten, berechnet:

a) *ausgehend von der akuten aquatischen Toxizität:*

Formel 4.0: $$\frac{\sum C_i}{L(E)C_{50\,mix}} = \sum_\eta \frac{C_i}{L(E)C_{50\,i}}$$

mit

C_i = Konzentration von Bestandteil i (Gew-%)

η = Zahl der Bestandteile, alle Werte von i zwischen 1 und n

$L(E)C_{50\,i}$ = LC_{50} oder EC_{50} für Bestandteil i (in mg/l)

$L(E)C_{50\,mix}$ = LC_{50} oder EC_{50} des Teils des Gemischs mit Prüfdaten (in mg/l)

Die errechnete Toxizität $L(E)C_{50\,mix}$ dient dazu, diesem Anteil des Gemischs eine Kategorie der akuten Toxizität zuzuordnen, die anschließend in die Anwendung der Summierungsmethode einfließt (s. auch Beispiel 4.4).

b) *ausgehend von der chronischen aquatischen Toxizität:*

Formel 4.1: $$\frac{\sum C_i + \sum C_j}{EqNOEC_{mix}} = \sum_n \frac{C_i}{NOEC_i} + \sum_n \frac{C_j}{0{,}1 \times NOEC_j}$$

mit

C_i = Konzentration von Bestandteil i (Gew-%) zur Erfassung der schnell abbaubaren Bestandteile

C_j = Konzentration von Bestandteil j (Gew-%) zur Erfassung der nicht schnell abbaubaren Bestandteile

n = Anzahl der Bestandteile, alle Werte von i zwischen 1 und n

$NOEC_i$ = NOEC für Bestandteil i zur Erfassung der schnell abbaubaren Bestandteile (in mg/l)

$NOEC_j$ = NOEC für Bestandteil j zur Erfassung der nicht schnell abbaubaren Bestandteile (in mg/l)

$EqNOEC_{mix}$ = äquivalente NOEC jenes Teils des Gemischs, für den Prüfdaten vorliegen

4 Umweltgefahren

Die errechnete äquivalente Toxizität $EqNOEC_{mix}$ dient dazu, diesem Anteil des Gemischs anhand der Kriterien für schnell abbaubare Stoffe (Tab. 4.2 Buchstabe b Ziffer ii) eine langfristige Gefahrenkategorie zuzuordnen, die anschließend in die Anwendung der Summierungsmethode einfließt (s. auch Beispiel 4.5 auf S. 83).

Die Anwendung der Additivitätsformel ist auf die Fälle beschränkt, in denen die Kategorie eines Stoffs in einem Gemisch nicht bekannt ist, obwohl Toxizitätsdaten verfügbar sind. Wenn diese Daten aber für einen Stoff verfügbar sind, kann der Stoff auch direkt durch Vergleich mit den Einstufungskriterien eingestuft, der M-Faktor ermittelt und das Gemisch anschließend mit Hilfe der Summierungsmethode eingestuft werden. Die Anwendung der Additivitätsformel ist daher normalerweise nicht unbedingt erforderlich. Das folgende Schema illustriert die beiden Wege, die ohne (Weg A) oder mit (Weg B) Verwendung der Additivitätsformel beschritten werden können. Sie führen nicht zwangsläufig zum gleichen Ergebnis. Wenn beide Wege möglich sind, sollte das Verfahren gewählt werden, das zu dem konservativeren Ergebnis führt (s. dazu auch Beispiel 4.5).

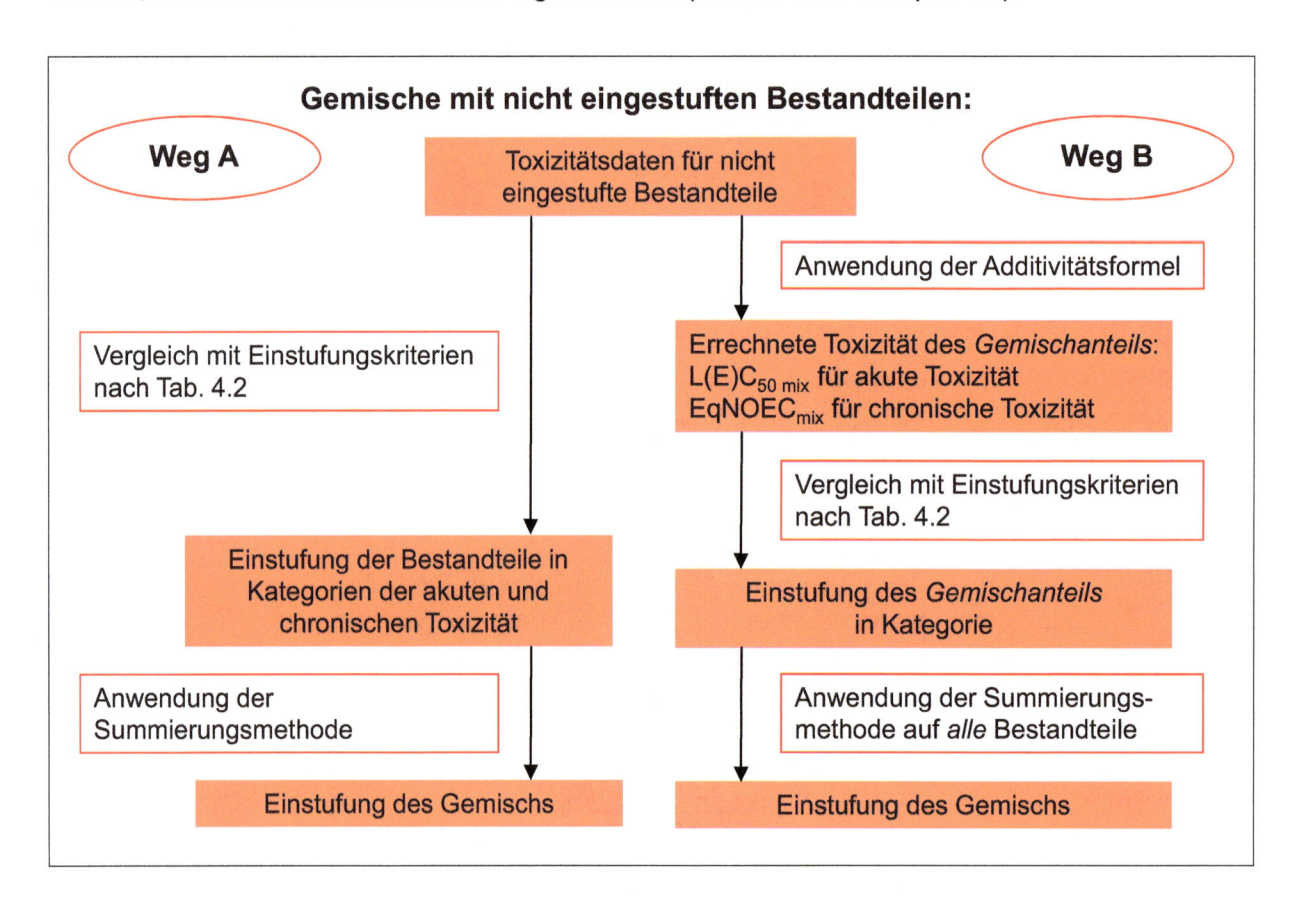

Gemische mit nicht eingestuften Bestandteilen:

Weg A

Weg B

Toxizitätsdaten für nicht eingestufte Bestandteile

Anwendung der Additivitätsformel

Errechnete Toxizität des *Gemischanteils*:
$L(E)C_{50\ mix}$ für akute Toxizität
$EqNOEC_{mix}$ für chronische Toxizität

Vergleich mit Einstufungskriterien nach Tab. 4.2

Vergleich mit Einstufungskriterien nach Tab. 4.2

Einstufung der Bestandteile in Kategorien der akuten und chronischen Toxizität

Einstufung des *Gemischanteils* in Kategorie

Anwendung der Summierungsmethode

Anwendung der Summierungsmethode auf *alle* Bestandteile

Einstufung des Gemischs

Einstufung des Gemischs

Umweltgefahren 4

4.2.3.3 Einstufung von Gemischen mit Bestandteilen, zu denen keine verwertbaren Informationen vorliegen

Liegen für einen oder mehrere relevante Bestandteile keinerlei verwertbare Informationen über eine kurzfristige und/oder langfristige Gewässergefährdung vor, führt dies zu dem Schluss, dass eine endgültige Zuordnung des Gemischs zu einer oder mehreren Gefahrenkategorie/n nicht möglich ist. In einem solchen Fall wird das Gemisch lediglich aufgrund der bekannten Bestandteile eingestuft und auf dem Kennzeichnungsschild und im Sicherheitsdatenblatt mit folgendem Zusatzhinweis versehen:

„Enthält x % Bestandteile mit unbekannter Gewässergefährdung."

Beispiel 4.3: Einstufung eines Gemischs mit Daten für einige oder alle Bestandteile – Summierungsmethode

Bestandteile	Konzentration C (%)	Akute aquatische Toxizität		Chronische aquatische Toxizität	
		Kategorie	M-Faktor	Kategorie	M-Faktor
A	1	Akut 1	10	Chronisch 1	10
B	3	Akut 1	1	Chronisch 2	–
C	10	nicht eingestuft	–	Chronisch 2	–
D	10	nicht eingestuft	–	Chronisch 3	–
E	10	nicht eingestuft	–	nicht eingestuft	–
F	66	nicht eingestuft	–	nicht eingestuft	–

Prüfung auf Akute Toxizität:

Zu berücksichtigen sind die in die Kategorie Akut 1 eingestuften Bestandteile A und B. Deren Konzentrationen und M-Faktoren sind nach Tabelle 4.6 wie folgt zu addieren:

$C_A \times M_A + C_B \times M_B = 1 \times 10 + 3 \times 1 = 13$ < 25 %

→ Das Gemisch ist nicht als gewässergefährdend, Kategorie Akut 1 einzustufen.

Prüfung auf Chronische Toxizität, Kategorie 1:

Zu berücksichtigen ist nur Bestandteil A, der als Chronisch 1 eingestuft ist. Seine Konzentration und der M-Faktor gehen in die Rechnung nach Tabelle 4.7 ein:

$C_A \times M_A = 1 \times 10$ < 25 %

→ Das Gemisch ist nicht als gewässergefährdend, Kategorie Chronisch 1 einzustufen.

Prüfung auf Chronische Toxizität, Kategorie 2:

Zu berücksichtigen sind alle Bestandteile, die als Chronisch 1 oder 2 eingestuft sind, also die Bestandteile A, B und C. Deren Konzentrationen und M-Faktoren sind wie folgt zu addieren:

$10 \times C_A \times M_A + C_B + C_C = (10 \times 1 \times 10) + 3 + 10 = 113$ > 25 %

→ Das Gemisch ist als gewässergefährdend, Kategorie Chronisch 2 einzustufen.

Die Prüfung, ob das Gemisch als Chronisch 3 oder 4 einzustufen ist, erübrigt sich, da die strengere Einstufung Vorrang hat. Weitere Maßnahmen zur Einstufung sind nicht erforderlich.

Das Gemisch ist mit dem Piktogramm „Umwelt", dem Gefahrenhinweis H411 und den Sicherheitshinweisen P273, P391 und P501 zu kennzeichnen. Ein Signalwort ist nicht erforderlich.

4 Umweltgefahren

Beispiel 4.4: Es liegen Informationen über die Einstufung der Bestandteile und Toxizitätsdaten für das Gemisch als Ganzes vor – Anwendung der Summierungsmethode

Bestandteile	Konzentration C (%)	Akute aquatische Toxizität		Chronische aquatische Toxizität	
		Kategorie	M-Faktor	Kategorie	M-Faktor
A	40	Akut 1	1	Chronisch 1	1
B	60	Akut 1	1	Chronisch 3	–

Akute Toxizität des Gemischs	Testorganismen	$L(E)C_{50}$	Testmethode (VO (EG) Nr. 440/2008) oder OECD
Algen/Wasserpflanzen (72 h oder 96 h ErC_{50})	Scenedesmus subspicatus	15 mg/l	C.3 / statisch, GLP
Chronische Toxizität des Gemischs	Testorganismen	$NOEC/EC_x$	Testmethode (VO (EG) Nr. 440/2008) oder OECD
Algen/Wasserpflanzen (96 h NOEC)	Scenedesmus subspicatus	1,5 mg/l	C.3 / statisch, GLP

Experimentelle Daten liegen für das Gemisch als Ganzes jeweils nur für eine Trophieebene, nämlich für die Grünalgen als Vertreter der Wasserpflanzen, vor. Es ist aber nicht bekannt, ob Algen die empfindlichsten Organismen für das Gemisch sind. Theoretisch wären niedrigere Toxizitätswerte für Fische oder Krebstiere möglich. Für eine Einstufung reichen die bekannten Daten daher nicht aus.

Da auch keine Daten für ähnliche geprüfte Gemische vorliegen, sind die Übertragungsgrundsätze nicht anwendbar.

Die Einstufung des Gemischs wird daher sowohl für die akuten als auch für die chronischen Gefahren auf der Grundlage der Einstufungen der Bestandteile durchgeführt. Die fehlenden Daten für die übrigen Trophieebenen müssen nicht erhoben werden.

Prüfung auf Akute Toxizität:

Die Einstufungen aller Bestandteile sowie deren Konzentrationen und M-Faktoren sind bekannt. Nach der Summierungsmethode werden die Konzentrationen der Bestandteile A und B summiert:

$C_A \times M_A + C_B \times M_B = 40 \times 1 + 60 \times 1 = 100$ > 25 %

→ Das Gemisch ist als gewässergefährdend, Kategorie Akut 1 einzustufen.

Prüfung auf Chronische Toxizität:

Im ersten Schritt wird geprüft, ob das Gemisch in die Kategorie Chronisch 1 einzustufen ist. Es ist lediglich der Bestandteil A zu berücksichtigen:

$C_A \times M_A = 40 \times 1 = 40$ > 25 %

→ Das Gemisch ist als gewässergefährdend, Kategorie Chronisch 1 einzustufen.

Weitere Schritte sind nicht erforderlich.

Das Gemisch ist mit dem Piktogramm „Umwelt", dem Signalwort „Achtung", dem Gefahrenhinweis H410 und den Sicherheitshinweisen P273, P391 und P501 zu kennzeichnen.

Umweltgefahren 4

Beispiel 4.5: Einstufung eines Gemischs, wenn Daten für einige, aber nicht für alle Bestandteile vorliegen – Anwendung der Additivitätsformel und der Summierungsmethode

Bestandteile	Konzentration C (%)	Akute aquatische Toxizität		Chronische aquatische Toxizität	
		Kategorie	M-Faktor	Kategorie	M-Faktor
A	50	–	–	–	–
B	10	–	–	–	–
C	10	–	–	–	–
D	30	nicht eingestuft	–	Chronisch 1	–

Physikalisch-chemische Eigenschaften	Bestandteil A	Bestandteil B	Testmethode (VO (EG) Nr. 440/2008) oder OECD
Wasserlöslichkeit	200 mg/l	1000 mg/l	A.6 / pH 7,0, non-GLP
Verteilungskoeffizient Octanol/Wasser (log K_{ow})	unbekannt	unbekannt	
Akute Toxizität	**Bestandteil A**	**Bestandteil B**	**Testmethode (VO (EG) Nr. 440/2008) oder OECD**
Fisch, Oncorhynchus mykiss (96 h LC_{50})	keine Daten	0,3 mg/l	C.1 / statisch, GLP
Krebstiere, Daphnia magna (48 h EC_{50})	0,55 mg/l	keine Daten	C.2 / statisch, non-GLP
Algen/Wasserpflanzen, Scenedesmus subspicatus (72 h ErC_{50})	0,37 mg/l	1,37 mg/l	C.3 / statisch, GLP
Chronische Toxizität	**Bestandteil A**	**Bestandteil B**	**Testmethode (VO (EG) Nr. 440/2008) oder OECD**
Fisch, Oncorhynchus mykiss (28 d NOEC)	0,07 mg/l	1,3 mg/l	OECD 210 / semi-statisch
Krebstiere, Daphnia magna (21 d NOEC)	0,09 mg/l	1,4 mg/l	C.20 / semi-statisch
Algen/Wasserpflanzen, Scenedesmus subspicatus (72 h NOEC)	0,13 mg/l	0,53 mg/l	C.3 / statisch, GLP
Abbaubarkeit und Bioakkumulation	**Bestandteil A**	**Bestandteil B**	
Abbaubarkeit	keine Daten	keine Daten	
Bioakkumulation	keine Daten	keine Daten	

Toxizitätsdaten für das Gemisch als Ganzes liegen nicht vor. Auch gibt es keine ähnlichen getesteten Gemische. Eine Einstufung aufgrund von Daten für das Gemisch als Ganzes und die Anwendung von Übertragungsgrundsätzen sind daher nicht möglich. Das Gemisch ist mit Hilfe der Summierungsmethode (Weg A) oder unter Anwendung der Additivitätsformel (Weg B) einzustufen.

Datenlage:

Die Einstufung bzgl. der chronischen Toxizität ist für 30 % des Gemischs (= Bestandteil D) bekannt. Experimentelle Daten sind für 60 % des Gemischs (= Bestandteile A + B) vorhanden. Zu 10 % des Gemischs (= Bestandteil C) liegen keine Informationen vor.

4 Umweltgefahren

Prüfung auf Akute Toxizität:

Weg A: Summierungsmethode

Für den Bestandteil A liegt der niedrigste Toxizitätswert für die akute Toxizität bei 0,37 mg/l; er ist nach Tabelle 4.2 in die Kategorie Akut 1 einzustufen. Nach der Tabelle 4.8 wird ihm ein M-Faktor von 1 zugeordnet. Bestandteil B weist mit einem LC_{50}-Wert von 0,3 mg/l für Fische ebenfalls einen Toxizitätswert unterhalb des Grenzwertes von 1 mg/l auf und muss deshalb auch in die Kategorie 1 mit einem M-Faktor von 1 eingestuft werden. A geht mit 50 %, B mit 10 % in die Summierungsmethode ein:

$C_A \times M_A + C_B \times M_B = 50 \times 1 + 10 \times 1 = 60 > 25\%$

→ Das Gemisch wird in die Kategorie Akut 1 eingestuft.

Alternativ Weg B: Anwendung der Additivitätsformel

Die Toxizität errechnet sich aus den Konzentrationen und LC-Werten der Bestandteile A und B:

$$LC_{50\,mix} = (C_A + C_B) / \left(\frac{C_A}{ErC_{50\,A}} + \frac{C_B}{LC_{50\,B}}\right) = 60 \left(\frac{50}{0,37} + \frac{10}{0,3}\right) = 0,36 \text{ mg/l}$$

Geht man mit diesem Wert in die Tabelle 4.2 Buchstabe a), dann werden 60 % des Gemischs in die Kategorie Akut 1 mit einem M-Faktor 1 eingestuft. Wendet man dann die Summierungmethode an, d. h. vergleicht man den als in Akut 1 eingestuften Anteil mit der Konzentrationsgrenze aus Tabelle 4.6, wird das gesamte Gemisch in die Kategorie Akut 1 eingestuft.

Bei der akuten Gewässergefährdung kommt man in diesem Fall auf beiden Wegen zur gleichen Einstufung.

Prüfung auf Chronische Toxizität:

Die experimentell bestimmten Toxizitätsdaten werden verwendet, um jeden Bestandteil mit Hilfe der Tabelle 4.2 einzustufen:

Bestandteil	Relevante Information	Kategorie	M-Faktor	Konzentration
A	NOEC (28 d, Fisch): 0,07 mg/l nicht schnell abbaubar (keine Daten)	Chronisch 1	1	50 %
B	NOEC (72 h, Algen): 0,53 mg/l nicht schnell abbaubar (keine Daten)	Chronisch 2	–	10 %
C	keine Daten	–	–	10 %
D	Einstufung vorhanden	Chronisch 1	–	30 %

Prüfung auf Chronisch 1:

Weg A: Summierungsmethode

Mehr als 25 % des Gemischs (Bestandteile A + D) sind in die Kategorie Chronisch 1 eingestuft. Also ist nach der Summierungsmethode das gesamte Gemisch in die Kategorie Chronisch 1 einzustufen.

Alternativ Weg B: Anwendung der Additivitätsformel

Die äquivalenten Toxizitätswerte EqNOEC berechnen sich aus den Toxizitätswerten der Bestandteile A und B, getrennt für jede Trophieebene, wie folgt:

$$EqNOEC_{mix} = (C_A + C_B) / \left(\frac{C_A}{NOEC_A} + \frac{C_B}{NOEC_B}\right) = 60 \left(\frac{50}{0,1 \times 0,07} + \frac{10}{0,1 \times 1,3}\right) = 0,008 \text{ mg/l für Fische}$$

$$EqNOEC_{mix} = (C_A + C_B) / \left(\frac{C_A}{NOEC_A} + \frac{C_B}{NOEC_B}\right) = 60 \left(\frac{50}{0,1 \times 0,09} + \frac{10}{0,1 \times 1,4}\right) = 0,011 \text{ mg/l für Krebstiere}$$

$$EqNOEC_{mix} = (C_A + C_B) / \left(\frac{C_A}{NOEC_A} + \frac{C_B}{NOEC_B}\right) = 60 \left(\frac{50}{0,1 \times 0,13} + \frac{10}{0,1 \times 0,53}\right) = 0,015 \text{ mg/l für Algen}$$

Umweltgefahren 4

Der niedrigste berechnete NOEC-Wert ist 0,008 mg/l. Aus der Tabelle 4.2 Buchstabe b Ziffer i wird damit die Kategorie Chronisch 1 für diesen Teil des Gemischs abgeleitet; der M-Faktor 10 ergibt sich aus der Tabelle 4.8. Ferner ist Bestandteil D zu berücksichtigen. Nach der Summierungsmethode ergibt sich damit:

Σ (Chronisch 1 × M) = (60 × 10) + 30 = 630   > 25 %

→ Auch nach Anwendung der Additivitätsformel kommt man zu dem Ergebnis, dass das Gemisch in die Kategorie Chronisch 1 einzustufen ist. Weitere Schritte sind nicht erforderlich.

Das Gemisch ist mit dem Piktogramm „Umwelt", dem Signalwort „Achtung", dem Gefahrenhinweis H410 und den Sicherheitshinweisen P273, P391 und P501 zu kennzeichnen.

Auf dem Kennzeichnungsetikett und im Sicherheitsdatenblatt muss folgender Hinweis stehen:

„10 % Prozent des Gemisches bestehen aus einem oder mehreren Bestandteilen von unbekannter Toxizität."

5 Die Ozonschicht schädigend

5 Die Ozonschicht schädigend

Ein Stoff wird in die Gefahrenklasse „die Ozonschicht schädigend" eingestuft, wenn er eine Gefahr für die Struktur und/oder die Funktionsweise der stratosphärischen Ozonschicht darstellen kann. Die Einstufung beruht auf verfügbaren Nachweisen für seine Eigenschaften und seinen erwarteten oder beobachteten Verbleib bzw. sein erwartetes oder beobachtetes Verhalten in der Umwelt. Ozonschichtschädigende Stoffe sind in der Verordnung (EG) Nr. 1005/2009 über Stoffe, die zum Abbau der Ozonschicht führen, gelistet. Die Gefahrenklasse umfasst nur die Kategorie 1.

Einstufung von Gemischen

Gemische werden unter Verwendung von Konzentrationsgrenzwerten und nach dem Einzelstoffprinzip, also nicht additiv, eingestuft. Sie sind als „die Ozonschicht schädigend" einzustufen, wenn sie mindestens einen Stoff, der ebenfalls als „die Ozonschicht schädigend" eingestuft ist, in einer Konzentration $\geq$ 0,1 % enthalten (s. Tab. 5.1).

Tabelle 5.1: Allgemeine Konzentrationsgrenzwerte für die Gefahrenklasse „die Ozonschicht schädigend"

Einstufung des Stoffs als	Konzentration, die zur Einstufung des Gemischs führt
„die Ozonschicht schädigend" (Kat. 1), H420	$\geq$ 0,1 %

Kennzeichnung 6

6 Kennzeichnung

Als gefährlich eingestufte Stoffe und Gemische müssen gemäß ihrer Einstufung gekennzeichnet werden. Ausgehend von der Gefahrenklasse, -differenzierung und -kategorie, in die der Stoff oder das Gemisch eingestuft ist, lassen sich aus den Kennzeichnungstabellen der Teile 2 bis 5 des Anhangs I der CLP-Verordnung die Kennzeichnungselemente ableiten. Sie bestehen aus den Gefahrenpiktogrammen, einem Signalwort sowie den Gefahren- und Sicherheitshinweisen (H- und P-Sätze). Eine Zusammenstellung der Kennzeichnungselemente für die einzelnen Klassen findet sich hier in Anhang 3 ab S. 97.

Darüber hinaus muss das Kennzeichnungsetikett eines Gefahrstoffs auch die Kontaktinformationen des Lieferanten und die Produktidentifikatoren enthalten (CLP Art. 18 Abs. 3).

Übersicht 6.1: Kennzeichnungselemente

- Name, Adresse, Telefonnummer des Lieferanten
- Nennmenge bei Publikumsprodukten
- Produktidentifikatoren:
  bei Stoffen: chemische Bezeichnung und Identifikations-Nummern (CAS-Nr., EG-Nr. oder Index-Nr.)
  bei Gemischen: Handelsnamen und die für die Einstufung relevanten Inhaltsstoffe
- Gefahrenpiktogramme
- Signalwort
- Gefahrenhinweise (H-Sätze)
- Sicherheitshinweise (P-Sätze)
- Ergänzende Informationen

Die Produktidentifikatoren für Gemische umfassen den Handelsnamen oder die Bezeichnung des Gemischs sowie die Identität aller in dem Gemisch enthaltenen Stoffe, die zur Einstufung des Gemischs in Bezug auf

- die akute Toxizität,
- die Ätzwirkung auf die Haut oder die Verursachung schwerer Augenschäden,
- die Keimzellmutagenität, die Karzinogenität, die Reproduktionstoxizität,
- die Sensibilisierung der Haut oder der Atemwege,
- die Zielorgan-Toxizität oder
- die Aspirationsgefahr

beitragen.

Tragen mehrere Stoffe zur Einstufung des Gemischs hinsichtlich der oben genannten Eigenschaften bei, so genügt es, die vier Stoffe anzugeben, von denen die hauptsächlichen Gesundheitsgefahren überwiegend ausgehen, es sei denn, dass die Art und Schwere der Gefahren mehr Bezeichnungen erfordern.

Für bestimmte Gemische (beispielsweise blei- oder cyanacrylathaltige Gemische) sind auf dem Kennzeichnungsetikett zusätzliche Gefahrenhinweise nach CLP Anhang II Teil 2 vorgeschrieben. Darüber hinaus enthalten auch die Gefahrstoffverordnung, die REACH-Verordnung u. a. Rechtsvorschriften spezielle Kennzeichnungsvorschriften. Eine Übersicht ist hier in Anhang 4 ab S. 112 aufgelistet.

6 Kennzeichnung

Ergänzende Kennzeichnungsinformationen

Bei Gemischen, die Bestandteile unbekannter akuter Toxizität in einer Konzentration von 1 % oder mehr enthalten, muss das Kennzeichnungsetikett ebenso wie das Sicherheitsdatenblatt den zusätzlichen Hinweis tragen (CLP Anh. I Teil 3 Abschn. 3.1.3.6.2.2):

„x Prozent des Gemischs bestehen aus einem oder mehreren Bestandteilen unbekannter Toxizität."

Liegen für einen oder mehrere Bestandteile eines Gemischs keinerlei verwertbare Informationen über eine akute und/oder langfristige Gewässergefährdung vor, muss auf dem Sicherheitsdatenblatt und auf dem Kennzeichnungsetikett folgender Hinweis stehen (CLP Anh. I Teil 4, Abschn. 4.1.3.6.1):

„Enthält x % Bestandteile mit unbekannter Gewässergefährdung."

Innerbetriebliche Kennzeichnung

Die CLP-Verordnung fordert eine Einstufung und Kennzeichnung von Gefahrstoffen nur, wenn diese in Verkehr gebracht werden. Aber auch bei innerbetrieblichen Tätigkeiten müssen alle in dem Betrieb verwendeten Stoffe und Gemische identifizierbar und mit einer Kennzeichnung versehen sein. Die innerbetriebliche Kennzeichnung muss ausreichende Informationen über die Einstufung, über die Gefahren bei der Handhabung und über die zu beachtenden Sicherheitsmaßnahmen enthalten (GefStoffV § 8 Abs. 2). Es kann jedoch auf eine vollständige Kennzeichnung verzichtet und eine vereinfachte oder verkürzte Kennzeichnung gewählt werden. Diese muss mindestens die Bezeichnung des Stoffs bzw. Gemischs sowie die Gefahrenpiktogramme gemäß CLP-Verordnung beinhalten. Konkrete Vorgaben zur „Einstufung und Kennzeichnung bei Tätigkeiten mit Gefahrstoffen" enthält die gleichnamige TRGS 201[15].

Werden in einem Betrieb Tätigkeiten mit Gefahrstoffen ausgeführt, die nicht vom Hersteller eingestuft und gekennzeichnet sind (z. B. Gefahrstoffe, die direkt aus Nicht-EU-Ländern importiert werden oder Zwischenprodukte, die weiterverarbeitet werden), muss der Unternehmer die Gefahrstoffe selbst einstufen. Zumindest muss er – im Rahmen der Gefährdungsbeurteilung – von den Stoffen oder Gemischen ausgehende Gefährdungen für die Beschäftigten ermitteln. Kann er die für die Einstufung erforderlichen Daten nicht ermitteln, so muss er mindestens die Schutzmaßnahmen festlegen, die bei einer Einstufung als

- akut toxisch der Kategorie 3 (H301, H311 oder H331),
- Reizwirkung auf die Haut (Kategorie 2) (H315),
- Augenreizung (Kategorie 2) (H319),
- Keimzellmutagenität der Kategorie 2 (H341),
- Sensibilisierung der Haut der Kategorie 1 (H317)

zu treffen wären.

Diese Gefahreigenschaften sind auch mindestens zu berücksichtigen, wenn zu Stoffen oder Gemischen, die in der Forschung und Entwicklung verwendet werden, keine ausreichenden Informationen vorliegen. Zusätzlich zu den vorhandenen Informationen und der vereinfachten Kennzeichnung sollte – so schlägt es die TRGS 201 vor – folgender Satz auf der Verpackung angegeben werden:

„Achtung – noch nicht vollständig geprüfter Stoff" bzw.

„Achtung – dieses Gemisch enthält einen noch nicht vollständig geprüften Stoff."

---

[15] TRGS 201, Ausgabe Februar 2017, geändert und ergänzt Januar 2018

H-Sätze – Gefahrenhinweise A 1

Anhang 1 H-Sätze – Gefahrenhinweise

Teil 1: Gefahrenhinweise

Gefahrenhinweise für physikalische Gefahren	
H200	Instabil, explosiv.
H201	Explosiv, Gefahr der Massenexplosion.
H202	Explosiv; große Gefahr durch Splitter, Spreng- und Wurfstücke.
H203	Explosiv; Gefahr durch Feuer, Luftdruck oder Splitter, Spreng- und Wurfstücke.
H204	Gefahr durch Feuer oder Splitter, Spreng- und Wurfstücke.
H205	Gefahr der Massenexplosion bei Feuer.
H220	Extrem entzündbares Gas.
H221	Entzündbares Gas.
H222	Extrem entzündbares Aerosol.
H223	Entzündbares Aerosol.
H224	Flüssigkeit und Dampf extrem entzündbar.
H225	Flüssigkeit und Dampf leicht entzündbar.
H226	Flüssigkeit und Dampf entzündbar.
H228	Entzündbarer Feststoff.
H229	Behälter steht unter Druck: Kann bei Erwärmung bersten.
H230	Kann auch in Abwesenheit von Luft explosionsartig reagieren.
H231	Kann auch in Abwesenheit von Luft bei erhöhtem Druck und/oder erhöhter Temperatur explosionsartig reagieren.
H240	Erwärmung kann Explosion verursachen.
H241	Erwärmung kann Brand oder Explosion verursachen.
H242	Erwärmung kann Brand verursachen.
H250	Entzündet sich in Berührung mit Luft von selbst.
H251	Selbsterhitzungsfähig; kann in Brand geraten.
H252	In großen Mengen selbsterhitzungsfähig; kann in Brand geraten.
H260	In Berührung mit Wasser entstehen entzündbare Gase, die sich spontan entzünden können.
H261	In Berührung mit Wasser entstehen entzündbare Gase.
H270	Kann Brand verursachen oder verstärken; Oxidationsmittel.
H271	Kann Brand oder Explosion verursachen; starkes Oxidationsmittel.
H272	Kann Brand verstärken; Oxidationsmittel.
H280	Enthält Gas unter Druck; kann bei Erwärmung explodieren.
H281	Enthält tiefgekühltes Gas; kann Kälteverbrennungen oder -verletzungen verursachen.
H290	Kann gegenüber Metallen korrosiv sein.

A 1 H-Sätze – Gefahrenhinweise

Gefahrenhinweise für Gesundheitsgefahren	
H300	Lebensgefahr bei Verschlucken.
H301	Giftig bei Verschlucken.
H302	Gesundheitsschädlich bei Verschlucken.
H304	Kann bei Verschlucken und Eindringen in die Atemwege tödlich sein.
H310	Lebensgefahr bei Hautkontakt.
H311	Giftig bei Hautkontakt.
H312	Gesundheitsschädlich bei Hautkontakt.
H314	Verursacht schwere Verätzungen der Haut und schwere Augenschäden.
H315	Verursacht Hautreizungen.
H317	Kann allergische Hautreaktionen verursachen.
H318	Verursacht schwere Augenschäden.
H319	Verursacht schwere Augenreizung.
H330	Lebensgefahr bei Einatmen.
H331	Giftig bei Einatmen.
H332	Gesundheitsschädlich bei Einatmen.
H334	Kann bei Einatmen Allergie, asthmaartige Symptome oder Atembeschwerden verursachen.
H335	Kann die Atemwege reizen.
H336	Kann Schläfrigkeit und Benommenheit verursachen.
H340	Kann genetische Defekte verursachen <Expositionsweg angeben, sofern schlüssig belegt ist, dass diese Gefahr bei keinem anderen Expositionsweg besteht>.
H341	Kann vermutlich genetische Defekte verursachen <Expositionsweg angeben, sofern schlüssig belegt ist, dass diese Gefahr bei keinem anderen Expositionsweg besteht>.
H350[1]	Kann Krebs erzeugen <Expositionsweg angeben, sofern schlüssig belegt ist, dass diese Gefahr bei keinem anderen Expositionsweg besteht>.
H351	Kann vermutlich Krebs erzeugen <Expositionsweg angeben, sofern schlüssig belegt ist, dass diese Gefahr bei keinem anderen Expositionsweg besteht>.
H360[1]	Kann die Fruchtbarkeit beeinträchtigen oder das Kind im Mutterleib schädigen <konkrete Wirkung angeben, sofern bekannt> <Expositionsweg angeben, sofern schlüssig belegt ist, dass die Gefahr bei keinem anderen Expositionsweg besteht>.
H361[1]	Kann vermutlich die Fruchtbarkeit beeinträchtigen oder das Kind im Mutterleib schädigen <konkrete Wirkung angeben, sofern bekannt> <Expositionsweg angeben, sofern schlüssig belegt ist, dass die Gefahr bei keinem anderen Expositionsweg besteht>.
H362	Kann Säuglinge über die Muttermilch schädigen.
H370	Schädigt die Organe <oder alle betroffenen Organe nennen, sofern bekannt> <Expositionsweg angeben, sofern schlüssig belegt ist, dass diese Gefahr bei keinem anderen Expositionsweg besteht>.
H371	Kann die Organe schädigen <oder alle betroffenen Organe nennen, sofern bekannt> <Expositionsweg angeben, sofern schlüssig belegt ist, dass diese Gefahr bei keinem anderen Expositionsweg besteht>.
H372	Schädigt die Organe <alle betroffenen Organe nennen> bei längerer oder wiederholter Exposition <Expositionsweg angeben, wenn schlüssig belegt ist, dass diese Gefahr bei keinem sänderen Expositionsweg besteht>.

H-Sätze – Gefahrenhinweise   A 1

H373	Kann die Organe schädigen <alle betroffenen Organe nennen, sofern bekannt> bei längerer oder wiederholter Exposition <Expositionsweg angeben, wenn schlüssig belegt ist, dass diese Gefahr bei keinem anderen Expositionsweg besteht>.
H300 + H310	Lebensgefahr bei Verschlucken oder Hautkontakt.
H300 + H330	Lebensgefahr bei Verschlucken oder Einatmen.
H310 + H330	Lebensgefahr bei Hautkontakt oder Einatmen.
H300 + H310 + H330	Lebensgefahr bei Verschlucken, Hautkontakt oder Einatmen.
H301 + H311	Giftig bei Verschlucken oder Hautkontakt.
H301 + H331	Giftig bei Verschlucken oder Einatmen.
H311 + H331	Giftig bei Hautkontakt oder Einatmen.
H301 + H311 + H331	Giftig bei Verschlucken, Hautkontakt oder Einatmen.
H302 + H312	Gesundheitsschädlich bei Verschlucken oder Hautkontakt.
H302 + H332	Gesundheitsschädlich bei Verschlucken oder Einatmen.
H312 + H332	Gesundheitsschädlich bei Hautkontakt oder Einatmen.
H302 + H312 + H332	Gesundheitsschädlich bei Verschlucken, Hautkontakt oder Einatmen.
Gefahrenhinweise für Umweltgefahren	
H400	Sehr giftig für Wasserorganismen.
H410	Sehr giftig für Wasserorganismen, mit langfristiger Wirkung.
H411	Giftig für Wasserorganismen, mit langfristiger Wirkung.
H412	Schädlich für Wasserorganismen, mit langfristiger Wirkung.
H413	Kann für Wasserorganismen schädlich sein, mit langfristiger Wirkung.
H420	Schädigt die öffentliche Gesundheit und die Umwelt durch Ozonabbau in der äußeren Atmosphäre.

Teil 2:   Ergänzende Gefahrenmerkmale

EUH 001	In trockenem Zustand explosiv.
EUH 014	Reagiert heftig mit Wasser.
EUH 018	Kann bei Verwendung explosionsfähige/entzündbare Dampf/Luft-Gemische bilden.
EUH 019	Kann explosionsfähige Peroxide bilden.
EUH 029	Entwickelt bei Berührung mit Wasser giftige Gase.
EUH 031	Entwickelt bei Berührung mit Säure giftige Gase.
EUH 032	Entwickelt bei Berührung mit Säure sehr giftige Gase.
EUH 044	Explosionsgefahr bei Erhitzen unter Einschluss.
EUH 066	Wiederholter Kontakt kann zu spröder oder rissiger Haut führen.
EUH 070	Giftig bei Berührung mit den Augen.
EUH 071	Wirkt ätzend auf die Atemwege.

A 1 H-Sätze – Gefahrenhinweise

Teil 3: Ergänzende Kennzeichnungselemente/Informationen über bestimmte Gemische

EUH 201	Enthält Blei. Nicht für den Anstrich von Gegenständen verwenden, die von Kindern gekaut oder gelutscht werden könnten.
EUH 201A	Achtung! Enthält Blei.
EUH 202	Cyanacrylat. Gefahr. Klebt innerhalb von Sekunden Haut und Augenlider zusammen. Darf nicht in die Hände von Kindern gelangen.
EUH 203	Enthält Chrom (VI). Kann allergische Reaktionen hervorrufen.
EUH 204	Enthält Isocyanate. Kann allergische Reaktionen hervorrufen.
EUH 205	Enthält epoxidhaltige Verbindungen. Kann allergische Reaktionen hervorrufen.
EUH 206	Achtung! Nicht zusammen mit anderen Produkten verwenden, da gefährliche Gase (Chlor) freigesetzt werden können.
EUH 207	Achtung! Enthält Cadmium. Bei der Verwendung entstehen gefährliche Dämpfe. Hinweise des Herstellers beachten. Sicherheitsanweisungen einhalten.
EUH 208	Enthält <Name des sensibilisierenden Stoffs>. Kann allergische Reaktionen hervorrufen.
EUH 209	Kann bei Verwendung leicht entzündbar werden.
EUH 209A	Kann bei Verwendung entzündbar werden.
EUH 210	Sicherheitsdatenblatt auf Anfrage erhältlich.
EUH 401	Zur Vermeidung von Risiken für Mensch und Umwelt die Gebrauchsanleitung einhalten.

[1] Bei bestimmten Gefahrenhinweisen werden dem dreistelligen Code Buchstaben zur weiteren Differenzierung angefügt. Bei der Einstufung reproduktionstoxischer Stoffe wird zwischen Stoffen unterschieden, die die Fruchtbarkeit beeinträchtigen können, und solchen, die das Kind im Mutterleib schädigen können. Aus den allgemeinen Gefahrenhinweisen H360 und H361 geht diese Unterscheidung nicht hervor. Falls eine der beiden Eigenschaften aber nachweislich nicht relevant ist, kann der allgemeine Gefahrenhinweis durch einen Gefahrenhinweis ersetzt werden, der nur die jeweils relevante Eigenschaft anzeigt.

    H350i   Kann bei Einatmen Krebs erzeugen.
    H360F   Kann die Fruchtbarkeit beeinträchtigen.
    H360D   Kann das Kind im Mutterleib schädigen.
    H361f   Kann vermutlich die Fruchtbarkeit beeinträchtigen.
    H361d   Kann vermutlich das Kind im Mutterleib schädigen.
    H360FD Kann die Fruchtbarkeit beeinträchtigen. Kann das Kind im Mutterleib schädigen.
    H361fd Kann vermutlich die Fruchtbarkeit beeinträchtigen. Kann vermutlich das Kind im Mutterleib schädigen.
    H360Fd Kann die Fruchtbarkeit beeinträchtigen. Kann vermutlich das Kind im Mutterleib schädigen.
    H360Df Kann das Kind im Mutterleib schädigen. Kann vermutlich die Fruchtbarkeit beeinträchtigen.

Anhang 2 P-Sätze – Sicherheitshinweise

Sicherheitshinweise – Allgemeines	
P101	Ist ärztlicher Rat erforderlich, Verpackung oder Kennzeichnungsetikett bereithalten.
P102	Darf nicht in die Hände von Kindern gelangen.
P103	Vor Gebrauch Kennzeichnungsetikett lesen.
Sicherheitshinweise – Prävention	
P201	Vor Gebrauch besondere Anweisungen einholen.
P202	Vor Gebrauch alle Sicherheitshinweise lesen und verstehen.
P210	Von Hitze, heißen Oberflächen, Funken, offenen Flammen sowie anderen Zündquellenarten fernhalten. Nicht rauchen.
P211	Nicht gegen offene Flamme oder andere Zündquelle sprühen.
P220	Von Kleidung und anderen brennbaren Materialien fernhalten.
P222	Keinen Kontakt mit Luft zulassen.
P223	Keinen Kontakt mit Wasser zulassen.
P230	Feucht halten mit …
P231	Inhalt unter inertem Gas/… handhaben und aufbewahren.
P232	Vor Feuchtigkeit schützen.
P233	Behälter dicht verschlossen halten.
P234	Nur in Originalverpackung aufbewahren.
P235	Kühl halten.
P240	Behälter und zu befüllende Anlage erden.
P241	Explosionsgeschützte [elektrische/Lüftungs-/Beleuchtungs-/…] Geräte verwenden.
P242	Funkenarmes Werkzeug verwenden.
P243	Maßnahmen gegen elektrostatische Entladungen treffen.
P244	Ventile und Ausrüstungsteile öl- und fettfrei halten.
P250	Nicht schleifen/stoßen/reiben/…
P251	Nicht durchstechen oder verbrennen, auch nicht nach Gebrauch.
P260	Staub/Rauch/Gas/Nebel/Dampf/Aerosol nicht einatmen.
P261	Einatmen von Staub/Rauch/Gas/Nebel/Dampf/Aerosol vermeiden.
P262	Nicht in die Augen, auf die Haut oder auf die Kleidung gelangen lassen.
P263	Berührung während Schwangerschaft und Stillzeit vermeiden.
P264	Nach Gebrauch … gründlich waschen.
P270	Bei Gebrauch nicht essen, trinken oder rauchen.
P271	Nur im Freien oder in gut belüfteten Räumen verwenden.
P272	Kontaminierte Arbeitskleidung nicht außerhalb des Arbeitsplatzes tragen.
P273	Freisetzung in die Umwelt vermeiden.
P280	Schutzhandschuhe/Schutzkleidung/Augenschutz/Gesichtsschutz tragen.
P282	Schutzhandschuhe mit Kälteisolierung und zusätzlich Gesichtsschild oder Augenschutz tragen.

A 2 P-Sätze – Sicherheitshinweise

P283	Schwer entflammbare oder flammhemmende Kleidung tragen.
P284	[Bei unzureichender Belüftung] Atemschutz tragen.
P231 + P232	Inhalt unter inertem Gas/… handhaben und aufbewahren. Vor Feuchtigkeit schützen.
Sicherheitshinweise – Reaktion	
P301	BEI VERSCHLUCKEN:
P302	BEI BERÜHRUNG MIT DER HAUT:
P303	BEI BERÜHRUNG MIT DER HAUT (oder dem Haar):
P304	BEI EINATMEN:
P305	BEI KONTAKT MIT DEN AUGEN:
P306	BEI KONTAKT MIT DER KLEIDUNG:
P308	BEI Exposition oder falls betroffen:
P310	Sofort GIFTINFORMATIONSZENTRUM/Arzt/… anrufen.
P311	GIFTINFORMATIONSZENTRUM/Arzt/… anrufen.
P312	Bei Unwohlsein GIFTINFORMATIONSZENTRUM/Arzt/… anrufen.
P313	Ärztlichen Rat einholen/ärztliche Hilfe hinzuziehen.
P314	Bei Unwohlsein ärztlichen Rat einholen/ärztliche Hilfe hinzuziehen.
P315	Sofort ärztlichen Rat einholen/ärztliche Hilfe hinzuziehen.
P320	Besondere Behandlung dringend erforderlich (siehe … auf diesem Kennzeichnungsetikett).
P321	Besondere Behandlung (siehe … auf diesem Kennzeichnungsetikett).
P330	Mund ausspülen.
P331	KEIN Erbrechen herbeiführen.
P332	Bei Hautreizung:
P333	Bei Hautreizung oder -ausschlag:
P334	In kaltes Wasser tauchen [oder nassen Verband anlegen].
P335	Lose Partikel von der Haut abbürsten.
P336	Vereiste Bereiche mit lauwarmem Wasser auftauen. Betroffenen Bereich nicht reiben.
P337	Bei anhaltender Augenreizung:
P338	Eventuell vorhandene Kontaktlinsen nach Möglichkeit entfernen. Weiter ausspülen.
P340	Die Person an die frische Luft bringen und für ungehinderte Atmung sorgen.
P342	Bei Symptomen der Atemwege:
P351	Einige Minuten lang behutsam mit Wasser ausspülen.
P352	Mit viel Wasser/… waschen.
P353	Haut mit Wasser abwaschen [oder duschen].
P360	Kontaminierte Kleidung und Haut sofort mit viel Wasser abwaschen und danach Kleidung ausziehen.
P361	Alle kontaminierten Kleidungsstücke sofort ausziehen.
P362	Kontaminierte Kleidung ausziehen.
P363	Kontaminierte Kleidung vor erneutem Tragen waschen.
P364	Und vor erneutem Tragen waschen.
P370	Bei Brand:

P-Sätze – Sicherheitshinweise A 2

P371	Bei Großbrand und großen Mengen:
P372	Explosionsgefahr.
P373	KEINE Brandbekämpfung, wenn das Feuer explosive Stoffe/Gemische/Erzeugnisse erreicht.
P375	Wegen Explosionsgefahr Brand aus der Entfernung bekämpfen.
P376	Undichtigkeit beseitigen, wenn gefahrlos möglich.
P377	Brand von ausströmendem Gas: Nicht löschen, bis Undichtigkeit gefahrlos beseitigt werden kann.
P378	… zum Löschen verwenden.
P380	Umgebung räumen.
P381	Bei Undichtigkeit alle Zündquellen entfernen.
P390	Verschüttete Mengen aufnehmen, um Materialschäden zu vermeiden.
P391	Verschüttete Mengen aufnehmen.
P301 + P310	BEI VERSCHLUCKEN: Sofort GIFTINFORMATIONSZENTRUM/Arzt/… anrufen.
P301 + P312	BEI VERSCHLUCKEN: Bei Unwohlsein GIFTINFORMATIONSZENTRUM/Arzt/… anrufen.
P302 + P334	BEI BERÜHRUNG MIT DER HAUT: In kaltes Wasser tauchen oder nassen Verband anlegen.
P302 + P352	BEI BERÜHRUNG MIT DER HAUT: Mit viel Wasser/… waschen.
P304 + P340	BEI EINATMEN: Die Person an die frische Luft bringen und für ungehinderte Atmung sorgen.
P306 + P360	BEI KONTAKT MIT DER KLEIDUNG: Kontaminierte Kleidung und Haut sofort mit viel Wasser abwaschen und danach Kleidung ausziehen.
P308 + P311	BEI Exposition oder falls betroffen: GIFTINFORMATIONSZENTRUM/Arzt/… anrufen.
P308 + P313	BEI Exposition oder falls betroffen: Ärztlichen Rat einholen/ärztliche Hilfe hinzuziehen.
P332 + P313	Bei Hautreizung: Ärztlichen Rat einholen/ärztliche Hilfe hinzuziehen.
P333 + P313	Bei Hautreizung oder -ausschlag: Ärztlichen Rat einholen/ärztliche Hilfe hinzuziehen.
P336 + P315	Vereiste Bereiche mit lauwarmem Wasser auftauen. Betroffenen Bereich nicht reiben. Sofort ärztlichen Rat einholen/ärztliche Hilfe hinzuziehen.
P337 + P313	Bei anhaltender Augenreizung: Ärztlichen Rat einholen/ärztliche Hilfe hinzuziehen.
P342 + P311	Bei Symptomen der Atemwege: GIFTINFORMATIONSZENTRUM/Arzt/… anrufen.
P361 + P364	Alle kontaminierten Kleidungsstücke sofort ausziehen und vor erneutem Tragen waschen.
P362 + P364	Kontaminierte Kleidung ausziehen und vor erneutem Tragen waschen.
P370 + P376	Bei Brand: Undichtigkeit beseitigen, wenn gefahrlos möglich.
P370 + P378	Bei Brand: … zum Löschen verwenden.
P301 + P330 + P331	BEI VERSCHLUCKEN: Mund ausspülen. KEIN Erbrechen herbeiführen.
P302 + P335 + P334	BEI BERÜHRUNG MIT DER HAUT: Lose Partikel von der Haut abbürsten. In kaltes Wasser tauchen [oder nassen Verband anlegen].
P303 + P361 + P353	BEI BERÜHRUNG MIT DER HAUT (oder dem Haar): Alle kontaminierten Kleidungsstücke sofort ausziehen. Haut mit Wasser abwaschen [oder duschen].
P305 + P351 + P338	BEI KONTAKT MIT DEN AUGEN: Einige Minuten lang behutsam mit Wasser spülen. Eventuell vorhandene Kontaktlinsen nach Möglichkeit entfernen. Weiter spülen.

A 2 P-Sätze – Sicherheitshinweise

P370 + P380 + P375	Bei Brand: Umgebung räumen. Wegen Explosionsgefahr Brand aus der Entfernung bekämpfen.
P371 + P380 + P375	Bei Großbrand und großen Mengen: Umgebung räumen. Wegen Explosionsgefahr Brand aus der Entfernung bekämpfen.
P370 + P372 + P380 + P373	Bei Brand: Explosionsgefahr. Umgebung räumen. KEINE Brandbekämpfung, wenn das Feuer explosive Stoffe/Gemische/Erzeugnisse erreicht.
P370 + P380 + P375 [+ P378]	Bei Brand: Umgebung räumen. Wegen Explosionsgefahr Brand aus der Entfernung bekämpfen. [… zum Löschen verwenden.]
Sicherheitshinweise – Aufbewahrung	
P401	Aufbewahren gemäß …
P402	An einem trockenen Ort aufbewahren.
P403	An einem gut belüfteten Ort aufbewahren.
P404	In einem geschlossenen Behälter aufbewahren.
P405	Unter Verschluss aufbewahren.
P406	In korrosionsbeständigem/… Behälter mit korrosionsbeständiger Innenauskleidung aufbewahren.
P407	Luftspalt zwischen Stapeln oder Paletten lassen.
P410	Vor Sonnenbestrahlung schützen.
P411	Bei Temperaturen nicht über … °C/… °F aufbewahren.
P412	Nicht Temperaturen über 50 °C/122 °F aussetzen.
P413	Schüttgut in Mengen von mehr als … kg/… lbs bei Temperaturen nicht über … °C/… °F aufbewahren.
P420	Getrennt aufbewahren.
P402 + P404	An einem trockenen Ort aufbewahren. In einem geschlossenen Behälter aufbewahren.
P403 + P233	An einem gut belüfteten Ort aufbewahren. Behälter dicht verschlossen halten.
P403 + P235	An einem gut belüfteten Ort aufbewahren. Kühl halten.
P410 + P403	Vor Sonnenbestrahlung schützen. An einem gut belüfteten Ort aufbewahren.
P410 + P412	Vor Sonnenbestrahlung schützen und nicht Temperaturen über 50 °C/122 °F aussetzen.
Sicherheitshinweise – Entsorgung	
P501	Inhalt/Behälter … zuführen.
P502	Informationen zur Wiederverwendung oder Wiederverwertung beim Hersteller oder Lieferanten erfragen.

Kennzeichnungstabellen A 3

Anhang 3 Kennzeichnungstabellen

Explosive Stoffe/Gemische und Erzeugnisse mit Explosivstoff/Unst. Expl. (CLP Anh. I Tab. 2.1.2)

Einstufung	Pikto-gramm	Signalwort	Gefahrenhinweis	Sicherheitshinweise			
				Prävention	Reaktion	Lagerung	Entsorgung
Instabil, explosiv	💥	Gefahr	H200: Instabil, explosiv	P201 – P250 – P280	P370 + P372 + P380 + P373	P401	P501
Unterklasse 1.1:	💥	Gefahr	H201: Explosiv; Gefahr der Massenexplosion	P210 – P230 – P234 – P240 – P250 – P280	P370 + P372 + P380 + P373	P401	P501
Unterklasse 1.2:	💥	Gefahr	H202: Explosiv; große Gefahr durch Splitter, Spreng- und Wurfstücke	P210 – P230 – P234 – P240 – P250 – P280	P370 + P372 + P380 + P373	P401	P501
Unterklasse 1.3:	💥	Gefahr	H203: Explosiv; Gefahr durch Feuer, Luftdruck oder Splitter, Spreng- und Wurfstücke	P210 – P230 – P234 – P240 – P250 – P280	P370 + P372 + P380 + P373	P401	P501
Unterklasse 1.4:	💥	Achtung	H204: Gefahr durch Feuer oder Splitter, Spreng- und Wurfstücke	P210 – P234 – P240 – P250 – P280	P370 + P372 + P380 + P373 – P370 + P380 + P375	P401	P501
Unterklasse 1.5:	–	Gefahr	H205: Gefahr der Massenexplosion bei Feuer	P210 – P230 – P234 – P240 – P250 – P280	P370 + P372 + P380 + P373	P401	P501
Unterklasse 1.6:	Dieser Unterklasse sind keine Kennzeichnungselemente zugeordnet.							

A 3 Kennzeichnungstabellen

Entzündbare Gase (einschließlich chemisch instabiler Gase)/**Flam. Gas** (CLP Anh. I Tab. 2.2.3)

Einstufung	Pikto-gramm	Signal-wort	Gefahrenhinweis	Sicherheitshinweise		
				Prävention	Reaktion	Lagerung	Entsorgung
Entzündbares Gas, Kat. 1	🔥	Gefahr	H220: Extrem entzündbares Gas	P210	P377 – P381	P403	–
Entzündbares Gas, Kat. 2	–	Achtung	H221: Entzündbares Gas	P210	P377 – P381	P403	–
Chemisch instabiles Gas, Kat. A	kein zusätzliches Piktogramm und Signalwort		Zusätzlicher Gefahrenhinweis: H230: Kann auch in Abwesenheit von Luft explosionsartig reagieren	P202	–	–	–
Chemisch instabiles Gas, Kat. B			Zusätzlicher Gefahrenhinweis: H231: Kann auch in Abwesenheit von Luft bei erhöhtem Druck und/oder erhöhter Temperatur explosionsartig reagieren	P202	–	–	–

Aerosole/Aerosol (CLP Anh. I Tab. 2.3.1)

Einstufung	Pikto-gramm	Signal-wort	Gefahrenhinweis	Sicherheitshinweise		
				Prävention	Reaktion	Lagerung	Entsorgung
Kat. 1	🔥	Gefahr	H222: Extrem entzündbares Aerosol H229: Behälter steht unter Druck: Kann bei Erwärmung bersten	P210 – P211 – P251	–	P410 + P412	–
Kat. 2	🔥	Achtung	H223: Entzündbares Aerosol H229: Behälter steht unter Druck: Kann bei Erwärmung bersten	P210 – P211 – P251	–	P410 + P412	–
Kat. 3	–	Achtung	H229: Behälter steht unter Druck: Kann bei Erwärmung bersten	P210 – P251	–	P410 + P412	–

Kennzeichnungstabellen A 3

Oxidierende Gase/Ox. Gas (CLP Anh. I Tab. 2.4.2)

Einstufung	Pikto-gramm	Signal-wort	Gefahrenhinweis	Sicherheitshinweise			
				Prävention	Reaktion	Lagerung	Entsorgung
Kat. 1	🔥	Gefahr	H270: Kann Brand verursachen oder verstärken; Oxidationsmittel	P220 – P244	P370 + P376	P403	–

Gase unter Druck/Press Gas (CLP Anh. I Tab. 2.5.2)

Einstufung	Pikto-gramm	Signal-wort	Gefahrenhinweis	Sicherheitshinweise			
				Prävention	Reaktion	Lagerung	Entsorgung
Verdichtetes Gas	⚠	Achtung	H280: Enthält Gas unter Druck; kann bei Erwärmung explodieren	–	–	P410 + P403	–
Verflüssigtes Gas	⚠	Achtung	H280: Enthält Gas unter Druck; kann bei Erwärmung explodieren	–	–	P410 + P403	–
Tiefgekühlt verflüssigtes Gas	⚠	Achtung	H281: Enthält tiefgekühltes Gas; kann Kälteverbrennungen oder -verletzungen verursachen	P282	P336 + P315	P 403	–
Gelöstes Gas	⚠	Achtung	H280: Enthält Gas unter Druck; kann bei Erwärmung explodieren	–	–	P410 + P403	–

A 3 Kennzeichnungstabellen

Entzündbare Flüssigkeiten/Flam. Liq. (CLP Anh. I Tab. 2.6.2)

Einstufung	Pikto-gramm	Signal-wort	Gefahrenhinweis	Sicherheitshinweise			
				Prävention	Reaktion	Lagerung	Entsorgung
Kat. 1	🔥	Gefahr	H224: Flüssigkeit und Dampf extrem entzündbar	P210 – P233 – P240 – P241 – P242 – P243 – P280	P303 + P361 + P353 – P370 + P378	P403 + P235	P501
Kat. 2	🔥	Gefahr	H225: Flüssigkeit und Dampf leicht entzündbar	P210 – P233 – P240 – P241 – P242 – P243 – P280	P303 + P361 + P353 – P370 + P378	P403 + P235	P501
Kat. 3	🔥	Achtung	H226: Flüssigkeit und Dampf entzündbar	P210 – P233 – P240 – P241 – P242 – P243 – P280	P303 + P361 + P353 – P370 + P378	P403 + P235	P501

Entzündbare Feststoffe/Flam. Sol. (CLP Anh. I Tab. 2.7.2)

Einstufung	Pikto-gramm	Signal-wort	Gefahrenhinweis	Sicherheitshinweise			
				Prävention	Reaktion	Lagerung	Entsorgung
Kat. 1	🔥	Gefahr	H228: Entzündbarer Feststoff	P210 – P240 – P241 – P280	P370 + P378	–	–
Kat. 2	🔥	Achtung	H228: Entzündbarer Feststoff	P210 – P240 – P241 – P280	P370 + P378	–	–

Kennzeichnungstabellen — A 3

Selbstzersetzliche Stoffe und Gemische/Self-react. (CLP Anh. I Tab. 2.8.1)

Einstufung	Pikto-gramm	Signal-wort	Gefahrenhinweis	Sicherheitshinweise			
				Prävention	Reaktion	Lagerung	Entsorgung
Typ A		Gefahr	H240: Erwärmung kann Explosion verursachen	P210 – P234 – P235 – P240 – P280	P370 + P372 + P380 + P373	P403 – P411 – P420	P501
Typ B		Gefahr	H241: Erwärmung kann Brand oder Explosion verursachen	P210 – P234 – P235 – P240 – P280	P370 + P380 + P375 [+ P378]*)	P403 – P411 – P420	P501
Typ C & D		Gefahr	H242: Erwärmung kann Brand verursachen	P210 – P234 – P235 – P240 – P280	P370 + P378	P403 – P411 – P420	P501
Typ E & F		Achtung	H242: Erwärmung kann Brand verursachen	P210 – P234 – P235 – P240 – P280	P370 + P378	P403 – P411 – P420	P501
Typ G	Dieser Gefahrenkategorie sind keine Kennzeichnungselemente zugeordnet.						

*) nur unter bestimmten Voraussetzungen anzuwenden

Pyrophore Flüssigkeiten/Pyr. Liq. (CLP Anh. I Tab. 2.9.2)

Einstufung	Pikto-gramm	Signal-wort	Gefahrenhinweis	Sicherheitshinweise			
				Prävention	Reaktion	Lagerung	Entsorgung
Kat. 1		Gefahr	H250: Entzündet sich in Berührung mit Luft von selbst	P210 – P222 – P231 + P232 – P233 – P280	P302 + P334 – P370 + P378	–	–

101

A 3 Kennzeichnungstabellen

Pyrophore Feststoffe/Pyr. Sol. (CLP Anh. I Tab. 2.10.2)

Einstufung	Piktogramm	Signalwort	Gefahrenhinweis	Sicherheitshinweise		
				Prävention	Reaktion	Lagerung	Entsorgung
Kat. 1		Gefahr	H250: Entzündet sich in Berührung mit Luft von selbst	P210 – P222 – P231 + P232 – P233 – P280	P302 + P335 + P334 – P370 + P378	–	–

Selbsterhitzungsfähige Stoffe und Gemische/Self-heat. (CLP Anh. I Tab. 2.11.2)

Einstufung	Piktogramm	Signalwort	Gefahrenhinweis	Sicherheitshinweise		
				Prävention	Reaktion	Lagerung	Entsorgung
Kat. 1		Gefahr	H251: Selbsterhitzungsfähig; kann in Brand geraten	P235 – P280	–	P407 – P413 – P420	–
Kat. 2		Achtung	H252: In großen Mengen selbsterhitzungsfähig; kann in Brand geraten	P235 – P280	–	P407 – P413 – P420	–

Stoffe oder Gemische, die in Berührung mit Wasser entzündbare Gase entwickeln/Water-react. (CLP Anh. I Tab. 2.12.2)

Einstufung	Piktogramm	Signalwort	Gefahrenhinweis	Sicherheitshinweise		
				Prävention	Reaktion	Lagerung	Entsorgung
Kat. 1		Gefahr	H260: In Berührung mit Wasser entstehen entzündbare Gase, die sich spontan entzünden können	P223 – P231 + P232 – P280	P302 + P335 + P334 – P370 + P378	P402 + P404	P501
Kat. 2		Gefahr	H261: In Berührung mit Wasser entstehen entzündbare Gase	P223 – P231 + P232 – P280	P302 + P335 + P334 – P370 + P378	P402 + P404	P501

Kennzeichnungstabellen A 3

Einstufung	Pikto-gramm	Signal-wort	Gefahrenhinweis	Sicherheitshinweise		
				Prävention	Reaktion	Lagerung	Entsorgung
Kat. 3		Achtung	H261: In Berührung mit Wasser entstehen entzündbare Gase	P231 + P232 – P280	P370 + P378	P402 + P404	P501

Oxidierende Flüssigkeiten/Ox. Liq. (CLP Anh. I Tab. 2.13.2)

Einstufung	Pikto-gramm	Signal-wort	Gefahrenhinweis	Sicherheitshinweise			
				Prävention	Reaktion	Lagerung	Entsorgung
Kat. 1		Gefahr	H271: Kann Brand oder Explosion verursachen; starkes Oxidationsmittel	P210 – P220 – P280 – P283	P306 + P360 – P371 + P380 + P375 – P370 + P378	P420	P501
Kat. 2		Gefahr	H272: Kann Brand verstärken; Oxidationsmittel	P210 – P220 – P280	P370 + P378	–	P501
Kat. 3		Achtung	H272: Kann Brand verstärken; Oxidationsmittel	P210 – P220 – P280	P370 + P378	–	P501

Oxidierende Feststoffe/Ox. Sol. (CLP Anh. I Tab. 2.14.2)

Einstufung	Pikto-gramm	Signal-wort	Gefahrenhinweis	Sicherheitshinweise			
				Prävention	Reaktion	Lagerung	Entsorgung
Kat. 1		Gefahr	H271: Kann Brand oder Explosion verursachen; starkes Oxidationsmittel	P210 – P220 – P280 – P283	P306 + P360 – P371 + P380 + P375 – P370 + P378	P420	P501
Kat. 2		Gefahr	H272: Kann Brand verstärken; Oxidationsmittel	P210 – P220 – P280	P370 + P378	–	P501

A 3 Kennzeichnungstabellen

Einstufung	Pikto-gramm	Signal-wort	Gefahrenhinweis	Sicherheitshinweise		
				Prävention	Reaktion	Lagerung	Entsorgung
Kat. 3	🔥	Achtung	H272: Kann Brand verstärken; Oxidationsmittel	P210 – P220 – P280	P370 + P378	–	P501

Organische Peroxide/Org. Perox. (CLP Anh. I Tab. 2.15.1)

Einstufung	Pikto-gramm	Signal-wort	Gefahrenhinweis	Sicherheitshinweise			
				Prävention	Reaktion	Lagerung	Entsorgung
Typ A	💥	Gefahr	H240: Erwärmung kann Explosion verursachen	P210 – P234 – P235 – P240 – P280	P370 + P372 + P380 + P373	P403 – P410 – P411 – P420	P501
Typ B	💥🔥	Gefahr	H241: Erwärmung kann Brand oder Explosion verursachen	P210 – P234 – P235 – P240 – P280	P370 + P380 + P375 [+ P378]*)	P403 – P410 – P411 – P420	P501
Typ C & D	🔥	Gefahr	H242: Erwärmung kann Brand verursachen	P210 – P234 – P235 – P240 – P280	P370 + P378	P403 – P410 – P411 – P420	P501
Typ E & F	🔥	Achtung	H242: Erwärmung kann Brand verursachen	P210 – P234 – P235 – P240 – P280	P370 + P378	P403 – P410 – P411 – P420	P501
Typ G	Dieser Gefahrenkategorie sind keine Kennzeichnungselemente zugeordnet.						

*) nur unter bestimmten Voraussetzungen anzuwenden

Kennzeichnungstabellen A 3

Stoffe und Gemische, die gegenüber Metallen korrosiv sind/Met. Corr. (CLP Anh. I Tab. 2.16.2)

Einstufung	Pikto-gramm	Signal-wort	Gefahrenhinweis	Sicherheitshinweise			
				Prävention	Reaktion	Lagerung	Entsorgung
Kat. 1	*)	Achtung	H290: Kann gegenüber Metallen korrosiv sein	P234	P390	P406	–

*) Metallkorrosive Stoffe oder Gemische, die nicht als Ätzwirkung auf die Haut (Kat. 1) oder schwere Augenschädigung (Kat. 1) eingestuft sind, müssen *nicht* mit dem Gefahrenpiktogramm „ätzend" gekennzeichnet werden, wenn sie als für den Endverbraucher verpackte Fertigerzeugnisse vorliegen.

Akute Toxizität/Acute Tox. (CLP Anh. I Tab. 3.1.3)

Einstufung		Pikto-gramm	Signal-wort	Gefahrenhinweis	Sicherheitshinweise			
					Prävention	Reaktion	Lagerung	Entsorgung
Kat. 1	oral		Gefahr	H300: Lebensgefahr bei Verschlucken	P264 – P270	P301 + P310 – P321 – P330	P405	P501
	dermal			H310: Lebensgefahr bei Hautkontakt	P262 – P264 – P270 – P280	P302 + P352 – P310 – P321 – P361 + P364	P405	P501
	inhalativ			H330: Lebensgefahr bei Einatmen	P260 – P271 – P284	P304 + P340 – P310 – P320	P403 + P233 – P405	P501
Kat. 2	oral		Gefahr	H300: Lebensgefahr bei Verschlucken	P264 – P270	P301 + P310 – P321 – P330	P405	P501
	dermal			H310: Lebensgefahr bei Hautkontakt	P262 – P264 – P270 – P280	P302 + P352 – P310 – P321 – P361 + P364	P405	P501
	inhalativ			H330: Lebensgefahr bei Einatmen	P260 – P271 – P284	P304 + P340 – P310 – P320	P403 + P233 – P405	P501
Kat. 3	oral		Gefahr	H301: Giftig bei Verschlucken	P264 – P270	P301 + P310 – P321 – P330	P405	P501
	dermal			H311: Giftig bei Hautkontakt	P280	P302 + P352 – P312 – P321 – P361 + P364	P405	P501
	inhalativ			H331: Giftig bei Einatmen	P261 – P271	P304 + P340 – P311 – P321	P403 + P233 – P405	P501

A3 Kennzeichnungstabellen

Einstufung		Pikto-gramm	Signal-wort	Gefahrenhinweis	Sicherheitshinweise		
					Prävention	Reaktion	Lagerung	Entsorgung
Kat. 4	oral	!	Achtung	H302: Gesundheitsschädlich bei Verschlucken	P264 – P270	P301 + P312 – P330	–	P501
	dermal			H312: Gesundheitsschädlich bei Hautkontakt	P280	P302 + P352 – P312 – P321 – P362 + P364	–	P501
	inhalativ			H332: Gesundheitsschädlich bei Einatmen	P261 – P271	P304 + P340 – P312	–	–

Ätzwirkung auf die Haut/Hautreizung/Skin Irrit./Skin Corr. (CLP Anh. I Tab. 3.2.5)

Einstufung	Pikto-gramm	Signal-wort	Gefahrenhinweis	Sicherheitshinweise			
				Prävention	Reaktion	Lagerung	Entsorgung
Unterkat. 1A, 1B, 1C und Kat. 1	⚠	Gefahr	H314: Verursacht schwere Verätzungen der Haut und schwere Augenschäden	P260 – P264 – P280	P301 + P330 + P331 – P303 + P361 + P353 – P363 – P304 + P340 – P310 – P321 – P305 + P351 + P338	P405	P501
Kat. 2	!	Achtung	H315: Verursacht Hautreizungen	P264 – P280	P302 + P352 – P321 – P332 + P313 – P362 + P364	–	–

Schwere Augenschädigung/Augenreizung/Eye Dam./Eye Irrit.* (CLP Anh. I Tab. 3.3.5)

Einstufung	Pikto-gramm	Signal-wort	Gefahrenhinweis	Sicherheitshinweise			
				Prävention	Reaktion	Lagerung	Entsorgung
Kat. 1	⚠	Gefahr	H318: Verursacht schwere Augenschäden	P280	P305 + P351 + P338 – P310	–	–

Kennzeichnungstabellen A 3

Einstufung	Pikto-gramm	Signal-wort	Gefahrenhinweis	Sicherheitshinweise		
				Prävention	Reaktion	Lagerung	Entsorgung
Kat. 2	⟨!⟩	Achtung	H319: Verursacht schwere Augenreizung	P264 – P280	P305 + P351 + P338 – P337 + P313	–	–

*) Ist ein chemischer Stoff als Ätzwirkung auf die Haut (Unterkategorien 1A, 1B, 1C oder Kategorie 1) eingestuft, kann die Kennzeichnung für schwere Augenschädigung/Augenreizung entfallen, da diese Information bereits im Gefahrenhinweis für die Ätzwirkung auf die Haut der Kategorie 1 (H314) enthalten ist.

Sensibilisierung der Haut oder der Atemwege/Skin Sens./Resp. Sens. (CLP Anh. I Tab. 3.4.7)

Einstufung	Pikto-gramm	Signal-wort	Gefahrenhinweis	Sicherheitshinweise			
				Prävention	Reaktion	Lagerung	Entsorgung
Sensibilisierung der Atemwege Kat. 1, 1A, 1B	⟨☠⟩	Gefahr	H334: Kann bei Einatmen Allergie, asthmaartige Symptome oder Atembeschwerden verursachen	P261 – P284	P304 + P340 – P342 + P311	–	P501
Sensibilisierung der Haut Kat. 1, 1A, 1B	⟨!⟩	Achtung	H317: Kann allergische Hautreaktionen verursachen	P261 – P272 – P280	P302 + P352 – P333 + P313 – P321 – P362 + P364	–	P501

Keimzellmutagenität/Muta. (CLP Anh. I Tab. 3.5.3)

Einstufung	Pikto-gramm	Signal-wort	Gefahrenhinweis	Sicherheitshinweise			
				Prävention	Reaktion	Lagerung	Entsorgung
Kat. 1 (Kat. 1A oder Kat. 1B)	⟨☠⟩	Gefahr	H340: Kann genetische Defekte verursachen	P201 – P202 – P280	P308 + P313	P405	P501
Kat. 2	⟨☠⟩	Achtung	H341: Kann vermutlich genetische Defekte verursachen	P201 – P202 – P280	P308 + P313	P405	P501

A 3 Kennzeichnungstabellen

Karzinogene Wirkungen/Carc. (CLP Anh. I Tab. 3.6.3)

Einstufung	Pikto-gramm	Signal-wort	Gefahrenhinweis	Sicherheitshinweise			
				Prävention	Reaktion	Lagerung	Entsorgung
Kat. 1 (Kat. 1A oder Kat. 1B)	☠	Gefahr	H350: Kann Krebs erzeugen	P201 – P202 – P280	P308 + P313	P405	P501
Kat. 2	☠	Achtung	H351: Kann vermutlich Krebs erzeugen	P201 – P202 – P280	P308 + P313	P405	P501

Reproduktionstoxizität/Repr./Lact. (CLP Anh. I Tab. 3.7.3)

Einstufung	Pikto-gramm	Signal-wort	Gefahrenhinweis	Sicherheitshinweise			
				Prävention	Reaktion	Lagerung	Entsorgung
Kat. 1 (Kat. 1A oder Kat. 1B)	☠	Gefahr	H360: Kann die Fruchtbarkeit beeinträchtigen oder das Kind im Mutterleib schädigen	P201 – P202 – P280	P308 + P313	P405	P501
Kat. 2	☠	Achtung	H361: Kann vermutlich die Fruchtbarkeit beeinträchtigen oder das Kind im Mutterleib schädigen	P201 – P202 – P280	P308 + P313	P405	P501
Zusatzkategorie für Wirkungen auf/über Laktation	–	–	H362: Kann Säuglinge über die Muttermilch schädigen	P201 – P260 – P263 – P264 – P270	P308 + P313	–	–

Kennzeichnungstabellen A 3

Spezifische Zielorgan-Toxizität bei einmaliger Exposition/STOT SE (CLP Anh. I Tab. 3.8.4)

Einstufung	Pikto-gramm	Signal-wort	Gefahrenhinweis	Sicherheitshinweise			
				Prävention	Reaktion	Lagerung	Entsorgung
Kat. 1		Gefahr	H370: Schädigt die Organe	P260 – P264 – P270	P308 + P311 – P321	P405	P501
Kat. 2		Achtung	H371: Kann die Organe schädigen	P260 – P264 – P270	P308 + P311	P405	P501
Kat. 3		Achtung	H335: Kann die Atemwege reizen *oder* H336: Kann Schläfrigkeit und Benommenheit verursachen	P261 – P271	P304 + P340 – P312	P403 + P233 – P405	P501

Spezifische Zielorgan-Toxizität bei wiederholter Exposition/STOT RE (CLP Anh. I Tab. 3.9.5)

Einstufung	Pikto-gramm	Signal-wort	Gefahrenhinweis	Sicherheitshinweise			
				Prävention	Reaktion	Lagerung	Entsorgung
Kat. 1		Gefahr	H372: Schädigt die Organe bei längerer oder wiederholter Exposition	P260 – P264 – P270	P314	–	P501
Kat. 2		Achtung	H373: Kann die Organe schädigen bei längerer oder wiederholter Exposition	P260	P314	–	P501

A 3 Kennzeichnungstabellen

Aspirationsgefahr/Asp. Tox. (CLP Anh. I Tab. 3.10.2)

Einstufung	Piktogramm	Signalwort	Gefahrenhinweis	Sicherheitshinweise			
				Prävention	Reaktion	Lagerung	Entsorgung
Kat. 1	☠	Gefahr	H304: Kann bei Verschlucken und Eindringen in die Atemwege tödlich sein	–	P301 + P310 – P331	P405	P501

Gewässergefährdung/Aquatic Acute/Aquatic Chronic (CLP Anh. I Tab. 4.1.4)

Einstufung	Piktogramm	Signalwort	Gefahrenhinweis	Sicherheitshinweise			
				Prävention	Reaktion	Lagerung	Entsorgung
Akut 1	🌊	Achtung	H400: Sehr giftig für Wasserorganismen	P273	P391	–	P501
Chronisch 1	🌊	Achtung	H410: Sehr giftig für Wasserorganismen, mit langfristiger Wirkung	P273	P391	–	P501
Chronisch 2	🌊	–	H411: Giftig für Wasserorganismen, mit langfristiger Wirkung	P273	P391	–	P501
Chronisch 3	–	–	H412: Schädlich für Wasserorganismen, mit langfristiger Wirkung	P273	–	–	P501
Chronisch 4	–	–	H413: Kann für Wasserorganismen schädlich sein, mit langfristiger Wirkung	P273	–	–	P501

Kennzeichnungstabellen A 3

Die Ozonschicht schädigend/Ozone (CLP Anh. I Tab. 5.2)

Einstufung	Pikto-gramm	Signal-wort	Gefahrenhinweis	Sicherheitshinweise			
				Prävention	Reaktion	Lagerung	Entsorgung
Kat. 1	⚠	Achtung	H420: Schädigt die öffentliche Gesundheit und die Umwelt durch Ozonabbau in der äußeren Atmosphäre	–	–	–	P502

A 4 Besondere Kennzeichnung

Anhang 4 Besondere Kennzeichnung für bestimmte Gemische und Erzeugnisse

Bei den in der Tabelle in alphabetischer Reihenfolge aufgeführten Stoffen und Stoffgruppen sind, je nach Verwendungszweck, besondere Kennzeichnungsvorschriften zu beachten. Die Hinweise, die im Allgemeinen auf der Verpackung anzubringen sind, sind *zusätzlich* zu den Kennzeichnungselementen der CLP-Verordnung (siehe Anhang 3) zu verwenden. Im Einzelfall ist der Text der jeweiligen Vorschrift heranzuziehen.

Stoff, Gemisch, Erzeugnis	Besondere Hinweise auf der Verpackung	Rechtsquelle
Aerosole		
jede Aerosolpackung, unabhängig vom Inhalt	Kennzeichnungselemente nach CLP Anh. I Tab. 2.3.1 (siehe auch Anhang 3) P102 – „*Darf nicht in die Hände von Kindern gelangen.*" (nur bei Verbraucherprodukten) Zusätzliche Sicherheitshinweise, die den Verbraucher über die spezifischen Gefahren des Produkts unterrichten (ggf. auch auf einer separaten Gebrauchsanweisung).	RL 75/324/EWG Anh. Nr. 2.2 und CLP Anh. II Teil 2 Nr. 2.11
Aerosolpackung mit entzündbaren Bestandteilen, die jedoch selbst nicht als entzündbar oder extrem entzündbar gilt	„*Enthält x Massenprozent entzündliche Bestandteile.*"	RL 75/324/EWG Art. 8 Abs. 1a
Aerosolpackungen, die Stoffe (allein oder als Gemisch) enthalten, die in die folgenden Gefahrenkategorien eingestuft sind: Flam. Gas 1 oder 2 Flam. Liq. 1, 2 oder 3 Flam. Sol. 1 oder 2 Water-react. 1, 2 oder 3 Pyr. Liq. 1 oder Pyr. Sol. 1	„*Nur für gewerbliche Anwender.*"	REACH Anh. XVII Nr. 40
Imprägnierungsmittel in Aerosolpackungen für Leder- und Textilerzeugnisse, die für den häuslichen Bedarf bestimmt sind, ausgenommen solche, die Schäume erzeugen	„*Vorsicht! Unbedingt beachten! Gesundheitsschäden durch Einatmen möglich! Nur im Freien oder bei guter Belüftung verwenden! Nur wenige Sekunden sprühen! Großflächige Leder- und Textilerzeugnisse nur im Freien besprühen und gut ablüften lassen! Von Kindern fernhalten!*"	Bedarfsgegenständeverordnung Anl. 7
Aktivchlor		
Gemische, die an die breite Öffentlichkeit verkauft werden und mehr als 1 % Aktivchlor enthalten	EUH206 – „*Achtung! Nicht zusammen mit anderen Produkten verwenden, da gefährliche Gase (Chlor) freigesetzt werden können.*"	CLP Anh. II Teil 2 Nr. 2.6

Besondere Kennzeichnung — A 4

Stoff, Gemisch, Erzeugnis	Besondere Hinweise auf der Verpackung	Rechtsquelle
Arsenverbindungen		
mit CCA-Lösungen behandeltes Holz	*„Verwendung nur in Industrieanlagen und zu gewerblichen Zwecken, enthält Arsen."*	REACH Anh. XVII Nr. 19
mit CCA-Lösungen behandeltes Holz, das in Paketen in Verkehr gebracht wird	zusätzliche Angaben: *„Bei der Handhabung des Holzes Handschuhe tragen. Wird dieses Holz geschnitten oder anderweitig bearbeitet, Staubmaske und Augenschutz tragen. Abfälle dieses Holzes sind von zugelassenen Unternehmen als gefährliche Abfälle zu behandeln."*	
Asbest		
Erzeugnisse, die Asbestfasern enthalten Bei Erzeugnissen, die Krokydolith enthalten, ist die Angabe „Enthält Asbest" zu ersetzen durch die Angabe: „Enthält Krokydolith/blauen Asbest".	Kennzeichnung mit folgendem Etikett: **a — ACHTUNG ENTHÄLT ASBEST — Gesundheitsgefährdung bei Einatmen von Asbeststaub — Sicherheitsvorschriften beachten** Sicherheitsratschläge, insbesondere folgende Angaben: • Nach Möglichkeit im Freien oder in gut gelüfteten Räumen arbeiten! • Möglichst handbetriebene oder langsamlaufende Geräte, erforderlichenfalls mit Staubauffangvorrichtung, verwenden! Werden schnelllaufende Geräte verwendet, sollten diese stets mit solchen Vorrichtungen versehen sein. • Vor dem Schneiden oder Bohren möglichst befeuchten! • Staub befeuchten, in ein gut schließendes Behältnis füllen und gefahrlos beseitigen!	REACH Anh. XVII Nr. 6 und Anl. 7

A 4 Besondere Kennzeichnung

Stoff, Gemisch, Erzeugnis	Besondere Hinweise auf der Verpackung	Rechtsquelle
Biozidprodukte		
Biozidprodukte	<ul><li>die Bezeichnung jedes Wirkstoffs und seine Konzentration in metrischen Einheiten;</li><li>der Hinweis, ob das Produkt Nanomaterialien enthält, sowie Hinweise auf mögliche sich daraus ergebende spezifische Risiken, und nach jedem Hinweis auf Nanomaterialien das Wort „Nano" in Klammern;</li><li>die dem Biozidprodukt von der zuständigen Behörde oder der Kommission zugeteilte Zulassungsnummer;</li><li>Name und Anschrift des Zulassungsinhabers;</li><li>Art der Formulierung;</li><li>die Anwendungen, für die das Biozidprodukt zugelassen ist;</li><li>Gebrauchsanweisung, Häufigkeit der Anwendung und Dosierung, ausgedrückt in metrischen Einheiten in einer für die Verwender sinnvollen und verständlichen Weise, für jede Anwendung gemäß den Auflagen der Zulassung;</li><li>Besonderheiten möglicher unerwünschter unmittelbarer oder mittelbarer Nebenwirkungen und Anweisungen für Erste Hilfe;</li><li>falls ein Merkblatt beigefügt ist, den Satz *„Vor Gebrauch beiliegendes Merkblatt lesen"* und gegebenenfalls Warnungen für gefährdete Gruppen;</li><li>Anweisungen für die sichere Entsorgung des Biozidproduktes und seiner Verpackung, gegebenenfalls einschließlich eines Verbots für die Wiederverwendung der Verpackung;</li><li>die Chargennummer oder Bezeichnung der Formulierung und das Verfallsdatum unter normalen Lagerungsbedingungen;</li><li>gegebenenfalls der für die Biozidwirkung erforderliche Zeitraum, die Sicherheitswartezeit, die zwischen den Anwendungen des Biozidproduktes oder zwischen der Anwendung und der nächsten Verwendung des behandelten Produktes oder dem nächsten Zutritt von Menschen oder Tieren zu dem Bereich, in dem das Biozidpro-</li></ul>	VO (EU) Nr. 528/2012 Art. 69 Abs. 2

Besondere Kennzeichnung — A 4

Stoff, Gemisch, Erzeugnis	Besondere Hinweise auf der Verpackung	Rechtsquelle
	dukt angewendet wurde, einzuhalten ist, einschließlich Einzelheiten über Mittel und Maßnahmen zur Dekontaminierung, und die Dauer der erforderlichen Belüftung von behandelten Bereichen; Einzelheiten über eine angemessene Reinigung von Geräten; Einzelheiten über Vorsichtsmaßnahmen bei der Verwendung und Beförderung; • gegebenenfalls die Kategorien von Verwendern, die das Biozidprodukt verwenden dürfen; • gegebenenfalls Informationen über besondere Gefahren für die Umwelt, insbesondere im Hinblick auf den Schutz von Nichtzielorganismen, und zur Vermeidung einer Wasserkontamination; • für Biozidprodukte, die Mikroorganismen enthalten, die vorgeschriebene Kennzeichnung gemäß der Richtlinie 2000/54/EG.	
Werbung für Biozidprodukte	*„Biozidprodukte vorsichtig verwenden. Vor Gebrauch stets Etikett und Produktinformationen lesen."*	VO (EU) Nr. 528/2012 Art. 72 Abs. 1
Blei		
bleihaltige Anstrichmittel und Lacke, deren nach der Norm ISO 6503 bestimmter Gesamtbleigehalt 0,15 % (ausgedrückt in Gewicht des Metalls) des Gesamtgewichts des Gemischs überschreitet	EUH201 – *„Enthält Blei. Nicht für den Anstrich von Gegenständen verwenden, die von Kindern gekaut oder gelutscht werden könnten."*	CLP Anh. II Teil 2 Nr. 2.1
bei Verpackungen mit weniger als 125 ml Inhalt	EUH201 – *„Achtung! Enthält Blei."*	
Cadmium		
Cadmiumhaltige Gemische (Legierungen), die zum Löten oder Schweißen verwendet werden	EUH207 – *„Achtung! Enthält Cadmium. Bei der Verwendung entstehen gefährliche Dämpfe. Hinweise des Herstellers beachten. Sicherheitsanweisungen einhalten."*	CLP Anh. II Teil 2 Nr. 2.7
Chrom(VI)		
Zement und Zementgemische, dessen/deren Gehalt an löslichem Chrom(VI) nach Hydratisierung mehr als 0,0002 % der Trockenmasse des Zements beträgt, sofern die Gemische nicht bereits als sensibilisierend eingestuft und mit dem Gefahrenhinweis „Kann allergische Hautreaktion hervorrufen" gekennzeichnet sind	EUH203 – *„Enthält Chrom (VI). Kann allergische Reaktionen hervorrufen."*	CLP Anh. II Teil 2 Nr. 2.3

A 4 Besondere Kennzeichnung

Stoff, Gemisch, Erzeugnis	Besondere Hinweise auf der Verpackung	Rechtsquelle
Bei der Verwendung von Reduktionsmitteln	Datum, an dem das Erzeugnis abgepackt wurde Lagerungsbedingungen Lagerzeit, während der sichergestellt ist, dass die Wirkung des Reduktionsmittels nicht nachlässt und der Gehalt an löslichem Chrom(VI) 0,0002 % nicht überschreitet	REACH Anh. XVII Nr. 47
CKW, Chlorkohlenwasserstoffe		
Folgende Stoffe und Gemische, in denen sie in Konzentrationen ≥ 0,1 Gew-% enthalten sind: Chloroform [67-66-3] 1,1,2,-Trichlorethan [79-00-5] 1,1,2,2-Tetrachlorethan [79-34-5] 1,1,1,2-Tetrachlorethan [630-20-6] Pentachlorethan [76-01-7] 1,1-Dichlorethan [75-35-4]	„Nur zur Verwendung in Industrieanlagen."	REACH Anh. XVII Nr. 32-38
Cyanacrylathaltige Gemische		
Klebstoffe auf der Grundlage von Cyanacrylat	EUH202 – „Cyanacrylat. Gefahr. Klebt innerhalb von Sekunden Haut und Augenlider zusammen. Darf nicht in die Hände von Kindern gelangen."	CLP Anh. II Teil 2 Nr. 2.2
Cyclohexan		
Kontaktklebstoffe auf Neoprenbasis, die Cyclohexan in einer Konzentration von 0,1 Gew.-% oder mehr enthalten und die zur Abgabe an die breite Öffentlichkeit in Verkehr gebracht werden	„Dieses Produkt darf nicht bei ungenügender Lüftung verarbeitet werden. Dieses Produkt darf nicht zum Verlegen von Teppichböden verwendet werden."	REACH Anh. XVII Nr. 57
DEGBE, 2-(2-Butoxyethoxy)ethanol		
DEGBE-haltige Farben, die nicht zum Verspritzen bestimmt sind, DEGBE in einer Konzentration von 3 Gew.-% oder mehr enthalten und die zur Abgabe an die breite Öffentlichkeit in Verkehr gebracht werden	„Darf nicht in Farbspritzausrüstung verwendet werden."	REACH Anh. XVII Nr. 55
Detergenzien		
Detergenzien	Kennzeichnung nach Anhang VII Abschnitt A (Inhaltsstoffe) und B (Dosierung)	Verordnung (EG) Nr. 648/2004
Dichlormethan		
Farbabbeizer, die Dichlormethan in einer Konzentration von 0,1 Gew.-% oder mehr enthalten	„Nur für die industrielle Verwendung und für gewerbliche Verwender, die über eine Zulassung in bestimmten EU-Mitgliedstaaten verfügen. Überprüfen Sie, in welchem Mitgliedstaat die Verwendung genehmigt ist."	REACH Anh. XVII Nr. 59

Besondere Kennzeichnung — A 4

Stoff, Gemisch, Erzeugnis	Besondere Hinweise auf der Verpackung	Rechtsquelle
Epoxidhaltige Gemische		
Gemische, die epoxidhaltige Verbindungen mit einem mittleren Molekulargewicht von ≤ 700 enthalten	EUH205 – „Enthält epoxidhaltige Verbindungen. Kann allergische Reaktionen hervorrufen."	CLP Anh. II Teil 2 Nr. 2.5
Formaldehyd		
Textilien mit einem Massengehalt von mehr als 0,15 % an freiem Formaldehyd, die beim bestimmungsgemäßen Gebrauch mit der Haut in Berührung kommen und mit einer Ausrüstung versehen sind	„Enthält Formaldehyd. Es wird empfohlen, das Kleidungsstück zur besseren Hautverträglichkeit vor dem ersten Tragen zu waschen."	Bedarfsgegenständeverordnung Anlage 9
Reinigungs- und Pflegemittel, die für den häuslichen Bedarf bestimmt sind, mit einem Massengehalt von mehr als 0,1 % Formaldehyd	„Enthält Formaldehyd."	
Grillanzünder		
flüssige Grillanzünder, die mit H304 gekennzeichnet und für die Abgabe an die breite Öffentlichkeit bestimmt sind	„Bereits ein kleiner Schluck Grillanzünder kann zu einer lebensbedrohlichen Schädigung der Lunge führen."	REACH Anh. XVII Nr. 3
Halogenkohlenwasserstoffe		
flüssige Gemische, die keinen Flammpunkt oder einen Flammpunkt von mehr als 60 °C, aber höchstens 93 °C haben und einen Halogenkohlenwasserstoff sowie mehr als 5 % leicht entzündbare oder entzündbare Stoffe enthalten	EUH209 – „Kann bei Verwendung leicht entzündbar werden." oder EUH209A – „Kann bei Verwendung entzündbar werden."	CLP Anh. II Teil 2 Nr. 2.9
Karzinogene, keimzellmutagene oder reproduktionstoxische Stoffe und Gemische		
Stoffe, die in CLP Anhang VI Teil 3 aufgeführt und in die folgenden Gefahrenkategorien eingestuft sind, sowie deren Gemische, wenn der Gehalt die in Anhang VI Teil 3 festgelegten spezifischen Konzentrationsgrenzwerte übersteigt: Carc. 1A oder 1B; Muta. 1A oder 1B; Repr. 1A oder 1B	„Nur für gewerbliche Anwender."	REACH Anh. XVII Nr. 28-30
Kreosot, Kreosotöl		
Holzschutzmittel, deren Inverkehrbringen zur Holzbehandlung nach REACH Anhang XVII Nr. 31 nicht verboten ist und die die folgenden Stoffe enthalten: Kreosot; Waschöl [8001-58-9]; Kreosotöl, Waschöl [61789-28-4]; Destillate (Kohlenteer), Naphthalinöle; Naphtalinöl [84650-04-4]	„Verwendung nur in Industrieanlagen und zu gewerblichen Zwecken."	REACH Anh. XVII Nr. 31

A 4 Besondere Kennzeichnung

Stoff, Gemisch, Erzeugnis	Besondere Hinweise auf der Verpackung	Rechtsquelle
Kreosotöl, Acenaphthen-Fraktion; Waschöl [90640-84-9] höher siedende Destillate (Kohlenteer); schweres Anthracenöl [65996-91-0] Anthracenöl [90640-80-5] Teersäuren, Kohle, Rohöl; Rohphenole [65996-85-2] Kreosot, Holz [8021-39-4] Niedrigtemperatur-Kohleteeralkalin, Extraktrückstände (Kohle) [122384-78-5]		
Lampenöle		
Lampenöle, die mit H304 gekennzeichnet und für die Abgabe an die breite Öffentlichkeit bestimmt sind	*„Mit dieser Flüssigkeit gefüllte Lampen sind für Kinder unzugänglich aufzubewahren."* *„Bereits ein kleiner Schluck Lampenöl – oder auch nur das Saugen an einem Lampendocht – kann zu einer lebensbedrohlichen Schädigung der Lunge führen."*	REACH Anh. XVII Nr. 3
MDI, Isocyanate		
Gemische, die Isocyanate enthalten (Monomere, Oligomere, Vorpolymere usw. oder Gemische davon)	EUH204 – *„Enthält Isocyanate. Kann allergische Reaktionen hervorrufen."*	CLP Anh. II Teil 2 Nr. 2.4
Gemische, die Methylendiphenyl-diisocyanat (MDI) in einer Konzentration von ≥ 0,1 Gew.-% enthalten	*„Bei Personen, die bereits für Diisocyanate sensibilisiert sind, kann der Umgang mit diesem Produkt allergische Reaktionen auslösen.* *Bei Asthma, ekzematösen Hauterkrankungen oder Hautproblemen Kontakt, einschließlich Hautkontakt, mit dem Produkt vermeiden.* *Das Produkt nicht bei ungenügender Lüftung verwenden oder Schutzmaske mit entsprechendem Gasfilter (Typ A1 nach EN 14387) tragen."*	REACH Anh. XVII Nr. 56
Nicht für die breite Öffentlichkeit bestimmte Gemische		
Gemische, die nicht als gefährlich eingestuft wurden, die jedoch mindestens einen in eine der folgenden Gefahrenkategorien eingestuften Stoff in einer Konzentration enthalten, die die angegebenen Werte überschreitet: Skin Sens. 1 oder 1B ≥ 0,1 %*) Skin Sens. 1A ≥ 0,01 %*) Resp. Sens. 1 oder 1B ≥ 0,1 %*) Resp. Sens. 1A ≥ 0,01 %*) Carc. 2 ≥ 0,1 % Repr. 1A, 1B oder 2 ≥ 0,1 %	EUH210 – *„Sicherheitsdatenblatt auf Anfrage erhältlich."*	CLP Anh. II Teil 2 Nr. 2.10

Besondere Kennzeichnung A 4

Stoff, Gemisch, Erzeugnis	Besondere Hinweise auf der Verpackung	Rechtsquelle
Lact. ≥ 0,1 %		
Stoff, der anderweitig als gesundheits- oder umweltgefährdend eingestuft ist — ≥ 0,1 Gew.-% (fest, flüssig) ≥ 0,2 Vol.-% (gasf.)		
Stoff, für den es gemeinschaftliche Grenzwerte für die Exposition am Arbeitsplatz gibt — ≥ 0,1 Gew.-% (fest, flüssig) ≥ 0,2 Vol.-% (gasf.)		
*) bzw. 1/10 des spezifischen Konzentrationsgrenzwertes, falls dieser unter 0,1 % liegt		
PCB-haltige Geräte		
jede Einheit dekontaminierter PCB-haltiger Geräte	unzerstörbares getriebenes oder eingraviertes Kennzeichen mit den Angaben nach dem Anhang der RL 96/59/EG	GefStoffV § 4 Abs. 7 und RL 96/59/EG
Pflanzenschutzmittel		
Pflanzenschutzmittel im Sinne der VO (EG) Nr. 1107/2009	Kennzeichnung nach Durchführungs-VO (EU) Nr. 547/2011	VO (EG) Nr. 1107/2009 und VO (EU) Nr. 547/2011
	ergänzender Hinweis: EUH401 „Zur Vermeidung von Risiken für Mensch und Umwelt ist die Gebrauchsanleitung einzuhalten."	CLP Anh. II Teil 4
Propan, Butan und Flüssiggas		
geschlossene nachfüllbare Flaschen oder nicht nachfüllbare Kartuschen gemäß EN 417, die Gemische mit Propan, Butan oder Flüssiggas als Brenngase enthalten, die nur zur Verbrennung freigesetzt werden	Kennzeichnung gemäß der Entzündbarkeit des Gemischs Informationen über die Wirkungen auf die menschliche Gesundheit und die Umwelt nicht erforderlich (nur auf dem Sicherheitsdatenblatt) Ausreichende Informationen, die es dem Verbraucher erlauben, alle erforderlichen Maßnahmen zum Schutz seiner Gesundheit und Sicherheit zu ergreifen	CLP Anh. I Teil 1 Nr. 1.3.2
Gasbehälter für Gemische, die odoriertes Propan, Butan oder Flüssiggas enthalten (Stahlflaschen)	zusätzliche Angabe: „Gas nicht unverbrannt ausströmen lassen. Nicht einatmen."	zusätzlich: DIN EN 417 Ausgabe: 2012-05
Gasbehälter für Gemische, die odoriertes Propan, Butan oder Flüssiggas enthalten (Kartuschen)	zusätzliche Angaben: „Gas nicht unverbrannt ausströmen lassen. Nicht einatmen. Behälter nicht gewaltsam öffnen. Gegen direkte Sonneneinstrahlung schützen. Nicht einer Temperatur über 50 °C aussetzen. Diese Kartusche entspricht der Norm DIN EN 417. Bedienungsanleitung des zugehörigen Gerätes beachten. Achtung: Nicht wiederbefüllen! Selbst nach Gebrauch nicht	

A 4 Besondere Kennzeichnung

Stoff, Gemisch, Erzeugnis	Besondere Hinweise auf der Verpackung	Rechtsquelle
	durchstoßen oder verbrennen. Auswechseln der Kartusche: An einem gut durchlüfteten Ort ohne Zündquellen hantieren. Absperrventil des Gerätes schließen. Gerät von der Kartusche abschrauben. Die Dichtung der Verbindung ersetzen, wenn sie beschädigt oder verloren ist. Gewindebeschädigung vermeiden. Gewaltlos aufschrauben bis zum Anschlag. Auswechseln der leeren Kartuschen: An einem gut durchlüfteten Ort ohne Zündquellen hantieren. Absperrventil des Gerätes vollständig schließen. Sicherstellen, dass die Kartusche leer ist (schütteln, ob Flüssigkeitsgeräusch hörbar). Die obere Einheit vollständig abschrauben. Die Dichtung der Verbindung ersetzen, wenn sie beschädigt oder verloren ist. Die neue Kartusche in die Halterung einsetzen und die obere Einheit bis zum Anschlag aufschrauben. Alle Montageanweisungen zum Gerät befolgen. WARNUNG – Nicht wiederbefüllen! Kühl und trocken lagern. An sicherem Ort entsorgen".	
Sensibilisierend		
Gemische, die nicht als sensibilisierend eingestuft sind, aber mindestens einen als sensibilisierend eingestuften Stoff in einer Konzentration enthalten, die die folgenden Werte überschreitet: Skin Sens. 1 oder 1B $\geq$ 0,1 %*) Skin Sens. 1A $\geq$ 0,01 %*) Resp. Sens. 1 oder 1B $\geq$ 0,1 %*) Resp. Sens. 1A $\geq$ 0,01 %*) *) bzw. 1/10 des spezifischen Konzentrationsgrenzwertes, falls dieser unter 0,1 % liegt	EUH208 – „Enthält (Name des sensibilisierenden Stoffes). Kann allergische Reaktionen hervorrufen."	CLP Anh. II Teil 2 Nr. 2.8
Gemische, die als sensibilisierend eingestuft sind und (außer jenem, der zur Einstufung des Gemischs geführt hat) einen oder mehrere andere Stoffe, die als sensibilisierend eingestuft sind, in einer Konzentration enthalten, die mindestens ebenso hoch ist wie in der obigen Tabelle angegeben	„Enthält (Namen dieser Stoffe)."	

Anhang 5 Links

Vorschriften:

https://echa.europa.eu/	Europäische Chemikalienagentur (ECHA)
https://echa.europa.eu/de/regulations/clp/legislation	ECHA, Rechtsvorschriften
https://echa.europa.eu/de/support/guidance	ECHA, REACH- und CLP-Leitlinien
https://eur-lex.europa.eu/	Veröffentlichung der EU-Vorschriften im Amtsblatt der EU
https://www.reach-clp-helpdesk.de	REACH-CLP-Helpdesk, nationale Auskunftsstelle für Hersteller, Importeure und Anwender chemischer Stoffe; Informationen und Orientierungshilfe bei der Umsetzung von REACH, CLP und der Biozid-Verordnung; Unterstützung bei Fragen zur Einstufung und Kennzeichnung
http://www.reachhelpdesk.at/	Österreichischer REACH-Helpdesk zu Vorschriften von REACH und CLP
https://www.anmeldestelle.admin.ch/chem/de/home/themen/reach-clp-helpdesk/clp-informationen.html	CLP-Informationen für Schweizer Exporteure
https://www.unece.org/trans/danger/publi/ghs/ghs_welcome_e.html	United Nations Economic Commission for Europe: UN-GHS
http://www.oecd.org/chemicalsafety/	OECD, Series on Testing and Assessment OECD, Guidelines for the Testing of Chemicals

Datenbanken:

https://echa.europa.eu/de/information-on-chemicals	ECHA, Informationsquelle über Chemikalien, die in Europa hergestellt oder dorthin eingeführt werden. Erfasst werden ihre gefährlichen Eigenschaften, ihre Einstufung und Kennzeichnung sowie Informationen zu ihrer sicheren Verwendung.
https://echa.europa.eu/de/information-on-chemicals/cl-inventory	ECHA, C&L Verzeichnis, Datenbank mit Informationen zur Einstufung und Kennzeichnung von angemeldeten und registrierten Stoffen, übermittelt von Herstellern und Importeuren, einschließlich einer Liste harmonisierter Einstufungen
http://www.dguv.de/ifa/gestis/gestis-stoffdatenbank/index.jsp	GESTIS-Stoffdatenbank, Gefahrstoffinformationssystem der DGUV
http://www.gisbau.de	Gefahrstoffinformationssystem der Berufsgenossenschaft der Bauwirtschaft
https://www.gsbl.de/	Gemeinsamer zentraler Stoffdatenpool von Bund und Ländern mit dem Stoffinformationssystem GSBLpublic
https://igsvtu.lanuv.nrw.de/igs_portal/	IGS, Informationssystem gefährliche Stoffe des Landesamtes für Natur, Umwlet und Verbraucherschutz Nordrhein-Westfalen (LANUV)
https://www.echemportal.org/echemportal/	eCHEMPortal, globales Portal zur Information über chemische Stoffe

A 5 Links

http://www.efsa.europa.eu	EFSA, Europäische Behörde für Lebensmittelsicherheit
https://www.cdc.gov/niosh/rtecs/	RTECS, Registry of Toxic Effects of Chemical Substances (auf der Website des NIOSH, US National Institute of Occupational Safety and Health)
https://www.epa.gov/iris/index.html	IRIS, Integrated Risk Information System (auf der Website der EPA, United States Environmental Protection Agency)
https://www.osha.gov/	OSHA, Occupational Safety & Health Administration (auf der Website des US Department of Labor)
https://toxnet.nlm.nih.gov/	TOXNET, Toxicology Data Network (Meta-Datenbank mit Zugang zu Datenbanken wie Toxline und HSDB)
http://www.inchem.org/	IPCS, International Programme on Chemical Safety (Intergovernmental Organizations)
http://www.ncbi.nlm.nih.gov/pubmed	Meta-Datenbank der National Library of Medicine, Links zu Fachzeitschriften

Glossar A 6

Anhang 6 Glossar

Abbaubarkeit	Maß für die Eignung organischer Moleküle, sich durch biochemische, chemische und/oder physikalische Reaktionen in kleinere Moleküle und schließlich in Kohlendioxid, Wasser und Salze umzuwandeln und damit aus der Umwelt entfernt zu werden.
Additivitätsprinzip	Vorgehensweise bei der Einstufung von Gemischen, wenn zwar Daten über die Bestandteile, nicht aber über das Gemisch insgesamt vorliegen. Dabei trägt jeder Bestandteil proportional zu seiner Stärke und Konzentration zu den Gesamteigenschaften des Gemischs bei. Die Vorgehensweise lässt sich nur auf Gefahren anwenden, bei denen von einem Zusammenwirken der einzelnen Bestandteile auszugehen ist.
Aquatische Toxizität	Giftwirkung gegenüber Wasserorganismen
ATE	Schätzwert Akuter Toxizität (*Acute Toxicity Estimate*) Kriterium zur Einstufung eines Stoffs oder Gemischs in die Gefahrenkategorien der Gefahrenklasse Akute Toxizität
BCF	Biokonzentrationsfaktor (*bioconcentration factor*) Maß für die Anreicherung einer Substanz in einem aquatischen Organismus durch direkte Aufnahme aus dem umgebenden Wasser
Berücksichtigungsgrenzwert	Schwellenwert für eingestufte Verunreinigungen, Zusatzstoffe oder einzelne Stoff- oder Gemischbestandteile. Wird der Berücksichtigungsgrenzwert überschritten, sind diese Verunreinigungen, Zusatzstoffe oder Bestandteile bei der Ermittlung, ob der Stoff bzw. das Gemisch eingestuft werden muss, zu berücksichtigen.
Beweiskraftermittlung	Verfahren zur Einstufung, das eingesetzt wird, wenn die Anwendung der Einstufungskriterien nicht einfach und eindeutig ist. Dabei werden alle verfügbaren Informationen, die für die Gefahrenbestimmung relevant sind, im Zusammenhang betrachtet und von Experten bewertet.
Bioakkumulation	Nettoergebnis von Aufnahme, Umwandlung und Ausscheidung eines Stoffs in einem Organismus über sämtliche Expositionswege (d. h. Luft, Wasser, Sediment/Boden und Nahrung)
Biokonzentration	Nettoergebnis von Aufnahme, Umwandlung und Ausscheidung eines Stoffs in einem Organismus durch Exposition über das Wasser
CMR	carcinogen (krebserzeugend), mutagen (erbgutverändernd), reproduktionstoxisch (fortpflanzungsgefährdend)
Differenzierung	Unterteilung einer Gefahrenklasse nach dem Expositionsweg oder der Art der Wirkungen
EC_x	Wirkungskonzentration, mit der eine Reaktion von x % einhergeht
EC_{50}	mittlere effektive Konzentration, die bei 50 % einer Versuchspopulation eine definierte Wirkung auslöst
ErC_{50}	mittlere Konzentration, die bei 50 % einer Versuchspopulation die Wachstumsrate nachhaltig beeinträchtigt
Einstufungs- und Kennzeichnungsverzeichnis	Datenbank der ECHA; die von Herstellern und Importeuren zu meldenden Daten zur Einstufung und Kennzeichnung sind öffentlich zugänglich

A 6 Glossar

ECHA	*Europäische Chemikalienagentur* Die ECHA ist zuständig für die Registrierung, Bewertung, Zulassung und Beschränkung chemischer Stoffe nach REACH.
Gefahrenhinweis	Textaussage zu einer bestimmten Gefahrenklasse und Gefahrenkategorie, die die Art und gegebenenfalls den Schweregrad der von einem gefährlichen Stoff oder Gemisch ausgehenden Gefahr beschreibt
Gefahrenkategorie	Untergliederung nach Kriterien innerhalb der einzelnen Gefahrenklassen zur Angabe der Schwere der Gefahr
Gefahrenklasse	Art der physikalischen Gefahr, der Gefahr für die menschliche Gesundheit oder der Gefahr für die Umwelt
Gefahrenpiktogramm	Grafische Darstellung, die aus einem Symbol sowie weiteren grafischen Elementen, wie etwa einer Umrandung, einem Hintergrundmuster oder einer Hintergrundfarbe, besteht und der Vermittlung einer bestimmten Information über die betreffende Gefahr dient
Gemisch	Gemisch oder Lösung, bestehend aus zwei oder mehr Stoffen (ersetzt den Begriff der Zubereitung)
GHS	*Globally Harmonised System of Classification and Labelling of Chemicals* weltweit einheitliches System zur Einstufung und Kennzeichnung von Chemikalien
Harmonisierte Einstufung	innerhalb der EU verbindlich vorgeschriebene Einstufung für bestimmte Stoffe, die in Anhang VI der CLP-Verordnung gelistet sind
In-vitro-Prüfung	Studien auf der Basis von Zellkulturen
In-vivo-Prüfung	Studien auf der Basis von Tierversuchen
Konzentrationsgrenzwert	Schwellenwert für eingestufte Verunreinigungen, Zusatzstoffe oder einzelne Gemischbestandteile, dessen Erreichen eine Einstufung des Stoffs bzw. Gemischs nach sich ziehen kann
(log) K_{OW}	*Octanol/Wasser-Verteilungskoeffizient* Ein dimensionsloser Koeffizient, der das Verhältnis der Konzentrationen einer Chemikalie in einem Zweiphasensystem aus n-Octanol und Wasser angibt. Er ist somit ein Maß für die Polarität bzw. Wasser-/Fettlöslichkeit der Chemikalie: Je höher der Koeffizient, desto stärker die Tendenz des Stoffs, sich z. B. im Fettgewebe von Organismen anzureichern.
$L(E)C_{50}$	Daten zur Bestimmung der aquatischen Toxizität, z. B. = EC_{50}, LC_{50}
LC_{50}	*Median lethal concentration* Mittlere tödliche Konzentration eines Stoffs; Konzentration, bei der 50 % der Versuchsorganismen sterben
LD_{50}	*Median lethal dose* Mittlere tödliche Dosis eines Stoffs; Dosis, bei der 50 % der Versuchstiere sterben
LOEC	*Lowest Observed Effect Concentration* Niedrigste Prüfkonzentration, bei der im Vergleich zu einer Kontrolle ohne Prüfsubstanz innerhalb eines angegebenen Expositionszeitraums eine statistisch signifikante Wirkung vorliegt.
Mindesteinstufung	CLP-Einstufung, die sich bei der Umwandlung einer Einstufung nach der aufgehobenen Stoffrichtlinie 67/548/EWG ergibt. Die dabei resultierende Einstufung entspricht nicht immer den Kriterien der CLP-Verordnung und gilt daher als Mindesteinstufung, die anzupassen ist, wenn der Lieferant über Daten verfügt, die zu einer strengeren Einstufung führen.

Glossar   A 6

Multiplikationsfaktor/ M-Faktor	Multiplikationsfaktor, der auf die Konzentration eines als gewässergefährdend, Kategorie Akut 1 oder Kategorie Chronisch 1 eingestuften Stoffs angewandt wird. Er wird verwendet, damit anhand der Summierungsmethode die Einstufung eines Gemischs, in dem der Stoff vorhanden ist, vorgenommen werden kann.
NOEC	*No Observed Effect Concentration* Konzentration ohne messbaren Effekt; die Prüfkonzentration, die unmittelbar unter der schwächsten geprüften Konzentration liegt, bei der eine statistisch signifikante, schädliche Auswirkung aufgetreten ist.
QSAR	*Quantitative structure-activity relationship* Die Quantitative Struktur-Wirkungs-Beziehung beschreibt die Erstellung einer quantitativen Beziehung zwischen einer pharmakologischen, chemischen, biologischen, physikalischen (z. B. Siedepunkt) Wirkung eines Moleküls mit seiner chemischen Struktur.
Read across	Stoffe, die sich strukturell ähnlich sind und daher voraussichtlich ähnliche physikalisch-chemische, toxikologische und ökotoxikologische Eigenschaften haben oder einem bestimmten Muster folgen, lassen sich nach REACH zu Stoffgruppen zusammenfassen, deren intrinsische Stoffeigenschaften sich mit Hilfe einer Stoffgruppenbetrachtung, read across, ableiten lassen.
Sicherheitshinweis	Textaussage, die eine (oder mehrere) empfohlene Maßnahme(n) beschreibt, um schädliche Wirkungen aufgrund der Exposition gegenüber einem gefährlichen Stoff oder Gemisch bei seiner Verwendung oder Beseitigung zu begrenzen oder zu vermeiden.
Signalwort	Wort, das das Ausmaß der Gefahr angibt, um den Leser auf eine potenzielle Gefahr hinzuweisen; dabei wird zwischen folgenden zwei Gefahrenstufen unterschieden: a) „Gefahr": Signalwort für die schwerwiegenden Gefahrenkategorien; b) „Achtung": Signalwort für die weniger schwerwiegenden Gefahrenkategorien.
Stoff	Chemisches Element und seine Verbindungen in natürlicher Form oder gewonnen durch ein Herstellungsverfahren, einschließlich der zur Wahrung seiner Stabilität notwendigen Zusatzstoffe und der durch das angewandte Verfahren bedingten Verunreinigungen, aber mit Ausnahme von Lösungsmitteln, die von dem Stoff ohne Beeinträchtigung seiner Stabilität und ohne Änderung seiner Zusammensetzung abgetrennt werden können.
Summierungsmethode	Methode zur Einstufung von Gemischen in die Gefahrenklassen „Gewässergefährdend", basierend auf der Einstufung und dem Prozentanteil der Bestandteile
Trophieebene/trophische Ebene	Position eines Organismus innerhalb der Nahrungskette; diese folgt einer bestimmten Hierarchie von den Primärproduzenten (Pflanzen, Algen) über die Primärkonsumenten (Pflanzenfresser) und Sekundärkonsumenten (Fleischfresser). Bei der Bewertung der chronischen Aquatoxizität stehen Algen, Krebstiere und Fische stellvertretend für die drei Trophieebenen.
Übertragungsgrundsätze	Regeln, die die Beschreibung der mit einem Gemisch verbundenen Gefahren ermöglichen, ohne das Gemisch selbst zu prüfen, indem verfügbare Informationen über ähnliche geprüfte Gemische herangezogen werden.

Stichwortverzeichnis

Stichwortverzeichnis

Abbaubarkeit 67, 70, 73
Additive Einstufung 28
Additivitätsformel .... 34, 36, 75, 79 f.
Additivitätsprinzip ..... 27 f., 41 ff., 48 ff., 52, 61, 63
Aerosole 20, 24, 112
Aktivchlor 112
Akute Toxizität .... 29 ff.
Analogiekonzept 18
Aquatische Toxizität .... 67 ff.
Aquatische Umwelt .... 67 ff.
Arsenverbindungen 113
Asbest 113
Aspirationsgefahr 65
ATE .... 24, 29, 31 ff.
Atemwegsreizung 60, 62
Ätzwirkung auf die Haut .... 39 ff.
Aufbewahrungsfrist 11
Augenreizung .... 46 ff.
Augenschädigung .... 46 ff.
BCF 70
Berücksichtigungsgrenzwert .... 25 ff.
Beweiskraftermittlung .... 14, 16 f.
Bioakkumulation 67, 70, 73
Biokonzentrationsfaktor 70
Biozidprodukte 114
Blei 115
Bridging principles 14, 19
2-(2-Butoxyethoxy)ethanol 116
Cadmium 115
Chargenanalogie 19, 21
C&L-Verzeichnis 8, 12
Chlorkohlenwasserstoffe 116
Chrom(VI) 115
Cut-off value .... 25 ff.
Cyanacrylathaltige Gemische 116
Cyclohexan 116
DEGBE 116
Detergenzien 116
Dichlormethan 116
Differenzierung 13

Einstufungs- und Kennzeichnungs-
   verzeichnis 8, 10
Epoxidhaltige Gemische 117
Ergänzende Gefahrenmerkmale 91
Ergänzende Kennzeichnungselemente 92
Expertenurteil 17
Extreme pH-Werte 39, 46
Flüssiggas 119
Formaldehyd 117
Gefahrenhinweis .... 7, 13, 87, 89 ff.
Gefahrenkategorie 7, 13
Gefahrenklasse 7, 13
Gefahrenpiktogramm 7
Gewässergefährdend .... 67 ff.
Glossar .... 123 ff.
Grillanzünder 117
Gruppierung 18
Halogenkohlenwasserstoffe 117
Harmonisierte Einstufung .... 8 f.
Hautallergen .... 51 f.
Hautreizung .... 39 ff.
Hochtoxische Bestandteile 77
H-Sätze .... 89 ff.
Im Wesentlichen ähnliche Gemische ..... 20, 22 f.
Informationsgewinnung 9
Inhalationsallergen .... 51 f.
Innerbetriebliche Kennzeichnung 88
Interpolation 19, 22
Isocyanate 118
Karzinogenität .... 57 f.
Keimzellmutagenität .... 56 f.
Kennzeichnung .... 87 ff.
Kennzeichnungselemente 7, 87, 92
Kennzeichnungstabellen .... 97 ff.
Kennzeichnungsvorschriften, besondere .... 112 ff.
Konzentrationsgrenzwert ...... 25, 27, 41 ff., 48 ff.,
                          52, 55, 57 ff., 61, 63, 86
Konzentrierung hochgefährlicher Gemische . 19, 22
K_{OW} 70
Kreosot, Kreosotöl 117

Stichwortverzeichnis

Laktation	58 f.
Lampenöle	118
Legaleinstufung	8, 13
Links	121 f.
M-Faktor	25, 27, 77
Mindesteinstufung	8
Multiplikationsfaktor	25, 27, 77
Narkotisierende Wirkung	60, 62
n-Octanol-Wasser-Verteilungskoeffizient	70
Organische Peroxide	39
Ozonschicht schädigend	86
PCB-haltige Geräte	119
Pflanzenschutzmittel	119
Produktidentifikatoren	87
P-Sätze	93 ff.
(Q)SAR	18
Read across	18
Relevante Bestandteile	34, 41, 48, 76
Reproduktionstoxizität	58 f.
Schätzwert Akuter Toxizität	24, 29, 34
Selbsteinstufung	8
Sensibilisierend	120
Sensibilisierung	51 ff.
Sicherheitsdatenblatt	10, 14, 37
Sicherheitshinweis	7, 87, 93 ff.
Signalwort	7
Spezifische Zielorgan-Toxizität	59 ff.
STOT	59 ff.
Summierungsmethode	75 ff.
Übertragungsgrundsätze	14, 19 f., 75
Umrechnungswert	30
Umweltgefahren	67 ff.
Veränderte Zusammensetzung	20, 23
Verdünnung	19, 21, 75